KB202068

아이랑 엄마랑
함께 행복해지는
육아 ㅎㅎ

엄마 ♥
교과서

박경순

임상심리학자이자 정신분석학자이다.
고려대학교 대학원에서 임상심리학으로 석사와 박사학위를 받았고, 미국 뉴욕대학교 의과대학 정신분석
연구소(NYU Medical School Psychoanalytic Institute)에서 4년간 정신분석 훈련을 받았다.
서울여자대학교 특수치료 전문대학원 교수로 활동 중이다.

엄 마
아이랑 엄마랑
함께 행복해지는
육아 ㅎㅎ
교 과 서

1판 1쇄 펴냄   2012년 6월 28일
1판 26쇄 펴냄 2021년 6월 17일

지은이	박경순
펴낸이	박상희
공동기획	동원책꾸러기
편집주간	박지은
편집	홍문희
디자인	무르
표지사진	Getty Images/ 멀티비츠 제공
본문일러스트	이누리
펴낸곳	(주)비룡소
출판등록	1994. 3. 17.(제16-849호)
주소	06027 서울시 강남구 도산대로1길 62 강남출판문화센터 4층
전화	영업 02)515-2000 팩스 02)515-2007 편집 02)3443-4318,9
홈페이지	www.bir.co.kr

제품명 어린이용 반양장 도서 제조자명 (주)비룡소 제조국명 대한민국 사용연령 3세 이상

ISBN 978-89-491-9039-6 03590

아이랑 엄마랑
함께 행복해지는 ㅎㅎ
육아

엄마 ♥ 교과서

[**박경순** 지음]

비룡소

목차

목
차

•

셋 • 아이들은 모두 다르게 태어난다

프롤로그 .

나의 소개

　사람들은 나를 심리학자라 부르기도 하고, 정신분석을 공부하는 사람이라고 하기도 한다. 하지만 이 책을 읽는 독자들을 위해서는 '세 아이의 엄마'라는 말로 내 소개를 시작해야 할 것 같다. 나는 심리학이 좋아서 오랫동안 끈을 놓지 않은 사람이고, 연년생 두 딸에 세 살 터울의 막내아들을 둔 엄마이다.

　삼십 대 중반부터 알 수 없는 여러 갈등을 느끼면서 해답을 구하려 찾은 것이 정신분석이었다. 내친 김에 미국 뉴욕에 가서 정통 프로이트 학파 연구소에서 정신분석 훈련을 받았다. 영화에서 보는 것처럼 일주일에 너덧 번 안락의자에 누워서 마음속에 흘러가는 것들을 들여다보는 개인분석 과정이 이론 공부보다 더 중요시되는 훈련 과정이었다.

　그렇게 7, 8년을 미국에서 보냈다. 절반은 내 공부 때문에, 나머지 절반은 당시 물밀듯이 밀려오는 유학 바람 덕분에 두 아이가 대학 입학할 때까지 기다려야 했다. 귀국한 후, 임상 심리학을 전공한 동료들이 그러하듯 심리치료를 위한 사무실을 내고, 얼마 후 대학에 자리가 나서 지금은 가르치는 일에 더 치중하고 있다.

　아이들을 특별히 잘 키워서 이 글을 쓰게 된 것은 아니다. 대한민국의 보수적인 분위기에서 자라, 단 한 번 교양 과목으로도 배운 적이 없는 엄마 노릇을, 그것도 세 아이와 씨름하며 했으니 뭘 잘하며 키웠겠는가. 자녀를 키우는 것이 '행복해죽겠다'는 사람도 있지만, 나는 그런 타고난 '모성애'도 없는 사람이다. 무력감에 시달리기도 하고, 참을 수 없는 답답함 때문에 항상 어디 아픈 사람처럼 다니기도 했다. 오죽하면 정신분석을 하려고 맘을 먹었을까.

'아, 부모 노릇이란 이런 거구나' 깨닫기 시작했을 때, 아이들은 이미 '중요한 시기'를 훌쩍 지나버린 뒤였다. 미국에서 정신분석 훈련을 받을 때에는 큰아이가 막 사춘기에 접어들었을 때였다. 인생은 부메랑이라고, 말 잘 듣고 '엄친딸'로 잘 자라주던 큰아이가 휘청거리면서 나는 그 대가를 톡톡히 치렀다. 정신분석 훈련의 도움이 없었다면 그 사춘기의 터널을 어떻게 빠져나왔을까 싶을 만큼, 정신분석은 내가 그동안 당연시해왔던 '부모 노릇'에 얼마나 많은 '허수(虛數)'가 존재하는지 깨닫게 해주는 계기가 되었다.

이 책의 구성

우리는 완벽한 부모가 되기를 꿈꾸지만, 자녀 앞에서 누구도 완벽한 사람은 없다. 때로 부족한 부모로 비치는 것을 부끄러워하고, 완벽한 부모인 것처럼 행동하고 싶어 한다. 분명한 것은 우리는 모두 미성숙한 채로 부모가 된다는 것이다. 학교에서 한 과목으로조차 배운 적이 없으며, 예행연습을 해본 적도 없다. 그저 부모가 우리에게 해주었던 기억을 더듬어 좋은 부모가 되려고 애를 쓰는 것뿐이다.

'부모 됨'이란 '성숙하는 과정'이라고 보았다. 이것이 이 책을 통해서 전달하고자 하는 가장 중요한 메시지이다. 완전한 부모가 자녀를 키우는 것이 아니라, 경험 없는 부모가 자녀와 함께 성숙해가는 과정이며, 그 성숙의 거름이 되는 것을 '갈등'이라고 보았다. 자녀와의 갈등 속에서 비로소 부모로서 자신을 들여다보는 계기가 생기고, 그 갈등을 이해하는 과정을 통해 성숙해간다고 보았다. 그래서 자녀와의 갈등은 자신이 완전한 부모가 아니라는 수치스러운 증거가 아니라, 성숙으로 가는 긴 여정이라는 점을 전달하고자 하였다.

자녀와의 갈등을 단답형으로 말하기는 어렵다. 여러 가지 문제가 복합적으로 작용하기 때문이다. 같은 문제행동이라도 원인은 천차만별이다. 그래서 유일한 정답이란 '그때그때 달라요'가 될지 모르겠다. 갈등이 생기면 한발 뒤로 물러서서 객관적으로 바라보는 여유를 갖는 것이 부모 됨의 가장 기본적인 출발이라고 생각한다.

이 책에서 자녀를 양육하는 데 꼭 알아야 할 것들은 다음의 세 가지로 나누어보았다. '타고난 성향', '영아·유아·아동의 일반적인 발달과정', 그리고 '부모 자녀의 관계'이다.

첫째, 자녀의 성향을 결정짓는 가장 중요한 요소 중의 하나는 '타고난 기질'이다. 먹는 대로 키로 가는 아이가 있는가 하면 물조차도 살로 가는 아이가 있다. 체질이 타고나듯 성향도 타고난다. 아이의 기질이 어떤지, 타고난 성향이 무엇인지, 부모인 나하고 어떻게 다른지를 살펴보는 것이 가장 먼저 해야 할 일이다.

유아들은 생각보다 많은 것들을 가지고 태어난다. 재능, 체질, 성격뿐아니라 음을 제멋대로 다스리는 음치도, 박자를 마구 다스리는 박치도 타고난다. 건물 앞문으로 들어갔다 뒷문으로 나오면 어딘지 모르는 방향치, 길치도 타고난다. 이보다 훨씬 더 미세한 것들도 타고난다. 사람의 마음을 헤아리는 것, 정리정돈하는 것, 규율을 습득하는 능력 등도 얼마간 타고난다.

간혹 '왼손잡이' 같은 아이들이 있다. 친구의 마음을 헤아리거나, 어느 순간에 어떤 말을 해야 하는지 판단하는 사회성이 왼손잡이 같은 아이들이다. 정리정돈 등 일상적으로 해야 하는 일들을 제때 하는 능력이 왼손잡이인 아이들도 있다. 생각이 구름 위를 날고 있어서, 발이 땅에 닿지 않고 자꾸 넘어지며 꿈만 꾸는 왼손잡이 아이들도 있다.

도대체 왜 이럴까 하는 아이들의 모습 중에 타고나는 경우가 적지 않다. 이러한 '타고난' 차이를 이해하면 갈등의 폭이 많이 줄어들 수 있다. 왼손잡이에게 글씨 가르치듯, 이러한 자녀를 키우는 부모들은 더 많은 지혜와 인내가 필요하다. 본문에서 이러한 성향을 어떻게 이해하고 다루어야 하는지에 대해 다루었다.

둘째, 아이가 한 인간으로 성장해가는 '정상 발달과정'에 대해 이해하도록 돕고자 했다. 화내고 떼쓰는 것이 정상발달인 시기가 있다. 잘 놀던 아이가 엄마와 떨어지기를 죽도록 싫어하는 것이 정상발달인 때가 있다. 누구도 처음엔 부모가 되어본 적이 없으므로 자녀를 키우다 보면 불안할 때가 많다. 생소한 것도 많다. 알고 보면 쉽게 지나갈 수 있는 것들인데, 모른다는 것 때문에 부모의 불안이 커지는 경우가 적지 않다. 그래서 정상

발달 과정이 무엇인지를 객관적으로 이해하는 장(章)을 마련하였다. 아이가 출생해서 성장하는 과정을 신체, 지능, 자아, 감정, 사회성 등, 총체적으로 다루었다. 초보 부모들에게 가장 힘든 수유, 수면 등 생리적 기제에 대해서도 서술하였다.

아이의 자아형성 과정도 다루었다. 자아란 말은 흔하게 사용하지만 정작 그것이 어떻게 형성되는지 이해하는 것은 쉽지 않다. 아이의 마음은 어떻게 형성되며, 심리적으로 건강하고 자신감 있는 아이로 키우기 위해서 부모가 할 수 있는 것은 무엇인가에 대해서 생각해보는 시간을 갖도록 했다. 언어, 인지 기능의 발달뿐 아니라, 이와 관련하여 자아의 성장과 발달 과정에 대해서 다루었다.

셋째, 이 책에서 가장 많은 비중을 두는 것으로, '부모 자녀의 관계'에 대해서 다루었다. 부모와 자녀는 인간이 가지는 관계들 중 가장 깊이 닿아 있는 관계이다. 일반적인 대인관계의 갈등은 피하면 그만이지만, 부모 자녀는 그렇게 할 수가 없다. 그것이 사랑이든 미움이든 가장 깊은 곳에서 만나기 때문이다. 아이가 엄마의 무엇을 자극할 수도 있고, 엄마의 어떤 감정상태가 아이로 하여금 특정한 행동을 하게 하는 경우가 있다. 때론 쉽게 이해되는 것도 있지만, 도무지 오리무중인 경우도 있다.

더 중요한 것은 문제의 원인이 기질적인 것이나 정상 발달과정에서 나타날 수 있는 것이라 하더라도 반복적으로 얽히면 '관계역동'이라는 수레바퀴에 들어가게 된다는 것이다. 때문에 그것이 무엇이든 반복적으로 얽히게 되는 문제에 대해서는 한발 물러서서 고민하는 지혜가 필요하다.

이러한 유아의 심리적 과정들을 이해하기 위해서 중요한 정신분석 이론들을 소개하였다. 여기에 소개된 정신분석 이론들은 마음의 뿌리를 이해하는 것인 동시에, 오늘날 육아나 부모교육 이론들의 토대가 되는 것이기도 하다.

나는 가끔 학문을 '고래살점 떼어먹기'에 비유하곤 한다. 학문하는 사람들은 자신이 떼어낸 살점을 먹기 좋게 요리해서 이것이 '고래'라고 소개한다. 육아에 관한 이론이 수없이 존재하는 이유이자 의견이 분분한 까닭이기도 하다. 이 책에서 부모들이 이러한 학자들이 낸 맛(주관성)에 치우치지 않고, 부모 스스로 견고한 안목을 가질 수 있도록 도움을 주고자 하였다. 자신에게 필요한 것들을 선택하는 판단력을 스스로 키울 수 있기를 바라는 마음에서, 쉽게 읽기에는 조금 무리가 있을지 모르지만 정신분석 이론들을 수록하였다.

아울러 이론들을 소개할 때, 이론가의 삶에 대해서 간단히 고찰하였다. 심리학에서 이론은 그 학자가 살아온 발자취인 동시에 자신의 삶에서 화두가 된 고통을 헤쳐나온 길이기도 하다. 따라서 그 사람의 삶을 이해하면, 그 이론을 공감하기가 더 수월해진다. 내가 정신분석을 공부해온 방법이기도 하고 다른 사람들에게 쉽게 전달하는 방법이기도 하다.

나는 여기에서 정답을 제시하지 않았다. 부모교육에는 정답이 없으며, 해답은 부모 스스로 찾을 수밖에 없다고 여기기 때문이다. 대신 정답에 이를 수 있는 여러 가지 길과 이정표를 제시하고자 하였다. 이정표를 보고,

관심이 있는 길을 천천히 걸으면서 생각할 수 있는 시간을 갖도록 하였다. 이 책은 세 번째인 부모 자녀 관계에 대한 내용부터 시작한다. 이들 관계를 이해하는 데 가장 복잡하고 시간이 오래 걸리기 때문이다.

이 책을 읽는 독자에게 당부하고 싶은 것이 있다. 인간의 마음을 이해한다는 것은 그것이 무엇이든 많은 시간과 인내를 필요로 한다. 마음을 깊이 이해하는 한 가지 방법은 나선형, 즉 나사를 돌리듯 들여다보는 것이다. 같은 자리를 맴도는 것 같지만 보는 깊이가 달라진다. 입체적이고 복잡한 사람의 마음을 이해하는 정신분석적 방법이기도 하다. 이 책을 읽다 보면 같은 이론, 비슷한 이야기들이 반복해서 나오기도 할 것이다. 다른 시각에서 읽어주기 바란다. 영화촬영을 할 때 여러 각도에서 앵글을 잡으면 다채로운 영상이 나오듯, 같은 영역이라도 각도를 달리 잡으면 또 다른 부분을 이해할 수 있게 된다. 읽다가 마음이 건드려지는 부분이 있으면, 책을 덮어두고 그 마음에 집중하기를 권하고 싶다. 그렇게 해서 이해되는 부분들이 성숙을 위한 좋은 밑거름이 될 것이기 때문이다.

부모와 자녀는 마음의 가장 깊은 곳에서 교류하기에, 여기서 생겨난 갈등은 일반적인 조언, 일반적인 육아법으로는 해결책을 찾기 어렵다. 모호하고 시간이 걸려도, 이렇게 해결해나가는 것이 왕도(王道)라고 나는 생각한다.

그리고 이 책은 자녀를 이해하기 이전에, 부모 자신을 돌아보는 산책의 공간이라고 말하고 싶다. 우리는 자녀를 키우는 부모이기 이전에 누군가의 자녀였으며, 누군가의 돌봄과 훈육을 받으며 자랐다. 그 과정이 지금 내 모습에 고스란히 남아서 자녀에게 스며든다. 따라서 부모 자신이 자라 온 여정을 한번 되돌아보는 계기가 되었으면 한다.

들어가기 전, 한 가지 더

이론은 항상 시대를 반영하면서 변화, 발전되어왔다. 육아나 부모교육 이론도 마찬가지이다. 우리는 타자로 글을 치던 부모 밑에서 자라서, 빠른 속도로 발전하는 IT로 인해 감히 상상하기 어려운 시대를 살아갈 자녀들을 키워야 한다. 부모 노릇이 어려운 이유 중의 하나이다. 적어도 사오십 년은 될 시대의 간극을 메워야 하는 것이 오늘날 부모들의 가장 큰 숙제이다. 보수적이고 정형화된 교육을 받고 자란 우리는 내 아이를 창의력 있는 아이, 자존감이 있는 자녀로 키우고 싶어 한다. 시대와 부모가 원하는 자녀로 키우기 위해 많은 노력을 하지만 쉽지 않은 일이다. 육아와 관련하여 우리 문화권에서 꼭 짚고 가야 할 것들을 몇 가지 강조하고자 하였다.

'착한 아이 증후군', '공격성', '나르시시즘' 등이다.

'착한 아이 증후군'은 꽤 오래전부터 이야기된 부분이다. 처벌이 좋지 않다고 이야기하다보니, 칭찬은 고래도 춤추게 한다고 하였고, 그쪽에 너무 치우치다보니 칭찬도 독이 될 수 있다는 말도 나왔다. 이 논란의 핵심은 훈육이고, 훈육의 본질은 '부모가 의도한 대로 아이를 길들이고 싶다'

는 뉘앙스를 가지고 있다. 여기서는 그 본질이 과연 타당한가에 대해서 생각해보는 시간을 마련하였다.

'공격성'은 프로이트 시절부터 인간 본성의 중요한 요소로 알려져왔다. 누구나 타고나는 공격성에서부터 자신의 욕구가 좌절되었을 때 나타나는 공격성에 이르기까지 공격성을 설명하는 범위는 넓다. 중요한 것은 이것이 삶의 원천이요, 에너지의 저장고라는 것이다.

미국에서는 교사든 부모든 아이를 자기주장적으로 키우려고 애쓰며, 이것을 꼭 개발해야 할 중요한 사회성 중의 하나로 여긴다. 우리나라에서도 상명하복 체제를 없애야 한다는 목소리는 꽤 높아졌지만, 윗사람을 공경해야 하는 유교문화권에서는 아직도 쉽지 않은 과제이다.

공격성은 가정의 일상에서 다양하게 나타난다. 때로 아이의 당연한 욕구나 자기해명조차도 부모에게 대드는 것으로 인식되는 경우가 드물지 않다. 아이의 공격성을 저지하기 위해 부모의 공격성이 합리화되는 경우도 있다. 그리고 그 악순환이 되풀이되기도 한다. 당연하다. 아이는 자신과 부모, 그리고 부모의 행동을 학습한다. 본능적인 것을 제외하고 아이들이 처음부터 공격적인 경우는 드물다. 때로 아무도 자신을 지켜주지 않는 두려움을 극복하기 위한 몸부림으로 공격성을 보이는 아이들도 있다.

이 책에서는 공격성이 '창의력과 자존감 있는 아이'로 키우는 데 필수 불가결한 에너지원이라는 것을 강조하고자 하였다. 아이의 공격성을 어떻게 이해하고 훈육할 수 있는지에 대해서 생각하는 시간을 갖고자 하였다.

'나르시시즘'이란 한마디로 나 스스로 '내가 잘났다'고 여기는 것이다. 결론부터 말하면, 이것은 유아 발달과정에 꼭 필요한 영양소이다. 혼자 걸을 수 있게 되는 것만으로도, 불편한 기저귀를 뗀 것만으로도, 세상이 모두 내 것인 양 의기양양해지는 게 유아들이다. 즉 '내가 최고야'가 되는 것이다. 대체로 3세 전후가 절정이라고 하지만 이러한 의기양양은 한동안 지속되기도 한다. 게임하다가 질 것 같으면 울고, 엄마가 요리를 하면 나도 한다고 우긴다. 만화를 보면 내가 주인공이 되어 악당을 다 물리칠 수 있을 것 같고, 우리나라의 최고 권력자가 대통령인 것을 알게 되면 대통령이 되고 싶다고 한다.

우리는 잘난 척하면 안 된다고, 겸손이 미덕이라고 배우며 자랐다. 하지만 발달을 연구하는 정신분석학자들은 스스로 자긍심을 갖기 위해서는 일정 시기에 '나 잘난' 맛을 마음껏 누리게 해야 한다고 오래전부터 말해왔다. 아이가 '나 잘났다' 하는 것은 문제될 것이 없다. 문제는 부모의 나르시시즘에 있다. '우리 아이는 기필코 잘나야만 한다'는.

시대에 맞는 당당한 아이로 키우기 위해서 부모가 고려해야 할 것들이 무엇인지 생각하는 시간을 갖고자 이 부분들을 본문에서 자세히 다루었다.

마지막으로 이 책의 제목에 대해, 나는 같이 기획한 동원육영재단의 책꾸러기 사업팀과 비룡소에 전적으로 일임하였다. 하지만 글을 쓰는 처음부터 내 마음속에 간직해둔 제목이 있었다.

이 글을 다 읽을 즈음, 독자들도 같이 공감할 수 있기를 바라는 마음에 여기 적어둔다.

'마음이 깊으면 닿지 않는 곳이 없다.'

박 경 순

하나 · 부모와의 관계가 아이를 만든다

착한 아이는 고달프다

"There is no such things like a baby."

– 도널드 W. 위니콧 –

자녀 앞에서 누구도 완벽한 부모는 없다. 하지만 우리는 가끔 완벽한 부모인 것처럼 행동하고 싶어 하고, 때로 부족한 부모로 비추어지는 것을 부끄러워한다. 우리는 미성숙한 채로 부모가 된다. 자녀를 키우는 것이 곧 부모가 되어가는 과정이고 이것이 성숙의 과정이다.

부모는 자녀와 함께 성숙해간다. 그리고 그 성숙의 거름이 되는 것이 갈등이다. 갈등으로 인해 아이와 나를 들여다보는 계기가 생기고, 그 갈등이 해결되면 한 번 더 깊이 성숙하게 된다. 그래서 자녀와 갈등을 잘 수용하고 이 갈등이 어디서 오는지를 찬찬히 살펴보는 시간을 갖는 것이 현명한 해결의 출발이 아닌가 싶다.

자녀 문제가 부모 잘못이라고 질책한다면, 그것은 참 억울한 일이다. 어느 스님은 몇 년 동안 벽만 바라보며 참선했다지만, 나는 자녀 키우는 일이 그보다도 훨씬 더 어렵다고 생각하는 사람 중 하나이다.

분명히 말하지만, 자녀 문제가 절대 부모의 잘못은 아니다. 그런데 그것만큼이나 분명한 또 하나의 사실이 있다. 아이들은 불편함을 표현할 뿐 해결 능력이 없다는 것이다. 그 갈등의 원인이 무엇이든, 그것을 누가 시작했든, 아이들은 스스로 풀 능력이 없고, 그 숙제는 고스란히 부모의 몫으로 남게 된다. 다른 대인관계에서의 갈등은 한번 참으면 그만이고, 안 보면 그만이다. 그러나 자녀와의 갈등은 피할 수 없다. 외면할수록 눈앞에 서있고, 피할수록 파고든다. 이것이 부모가 갖는 딜레마이다. 그래서 자식을 '업'이라고 했나보다.

실타래를 풀자면 부모 자신의 마음부터 들여다보아야 한다. 때로는 꽁꽁 닫아두었던 마음의 창고까지 열어보아야 한다. 부모와 자녀는 마음의 가장 깊은 곳에서 만나기 때문이다.

오늘날 거의 대부분의 육아서들이 어린 시절 엄마와 아이의 관계를 강조하고 있다. 이런 이론의 '원조'라고 할 수 있는 사람이 도널드 W. 위니콧이다. 소아과의사로 출발해서 후에 정신분석가가 된 위니콧만큼 유아기에 대해서 정교한 이론을 펼친 사람은 없다. 이 분야를 처음 접하는 사람들에게는 다소 생소할 수 있으나 많은 아동발달 이론가들이 말하고자 하는 내용이 위니콧의 이론을 근간으로 하고 있기 때문에, 그의 중요한 이론을 이해해두는 것이 좋다.

위니콧의 수많은 이론을 응축시켜 말한다면 '착한 아이의 고달픔에 대하여'라고 말할 수 있다. 그는 엄마와의 관계를 통해 아이의 마음이 형성되는 과정을 섬세하게 그렸다. 백지 상태였던 유아의 마음이 엄마와의 관계를 통해서 채색되어간다고 하였다. 뿐만 아니라 유아들이 표출하는 공격성과 그것을 다루는 방법에 대해 다른 어떠한 이론가들보다 실질적인 설명을 해주고 있다.

열손가락 깨물어 아프지 않은
손가락 없다?

●

자녀들에게 부모의 사랑이란, 누군가와 나누어 먹어야 할 파이 조각 같은 것이다. 부모는 한 온전한 파이를 아이마다 하나씩 준다고 생각하지만, 받아먹은 아이 입장에서는 항상 조각만 먹는 심정이다. 부모의 사랑이 크다 해도 나누어 먹는다는 속성 자체는 변하지는 않는다. 파이 나누기의 특징은 항상 남의 것이 더 커 보인다는 것이다. 이것이 형제들 속에서 자라는 아이의 딜레마이다.

'심술이'는 동생 '돌이'와 자주 다툰다. 말이 다툼이지 누나가 남동생을 일방적으로 몰아붙인다. 심술이가 기분 좋을 때는 동생을 귀찮게 하는 정도지만, 수틀리면 머리를 쥐어박거나 때린다. 어려서부터 시작된 이 다툼은 남동생이 더 이상 참지 않게 되면서 육탄전으로 발전했다.

심술이 엄마의 속상함은 이루 말할 수 없다. 누나가 동생을 보살피지는 못할망정, 이렇게 싸우는 것을 도저히 이해할 수가 없다. 큰아이 자격이 없고, 이기적이라고 분개한다. 우리 자랄 때는 안 그랬는데, 아이들이 왜 그러는지 모르겠다며 탄식한다.

부모교육을 할 때, 가장 많이 묻는 질문 중 하나가 자녀들 간의 다툼에 관한 것이다. 둘 다 내 자식이다보니 누구의 편을 들어도 개운치 않다. 우리 속담에 '열 손가락 깨물어 안 아픈 손가락이 없다'는 말이 있다. 자라면서 형제와 비교당해 무언가 불평을 할 때 부모들에게 가끔 들었던 말이다.

과연 그럴까?

차마 입에 대기도 아까운 손가락이 있는가 하면, 왠지 자꾸 물게 되는 손가락이 있다. 부모들은 나름대로 자녀들에게 충분한 애정을 주고 있다고 생각하고, 골고루 똑같이 주고 있다고 강조하지만 아이들 입장에선 그렇지 않다. 애정이란 감자나 고구마처럼 개수로 나누어 셀 수 있는 것이 아니다. 공기처럼 보이지도 않고, 아무리 먹어도 또 먹고 싶은 그저 파이 한 조각일 뿐이다. 그래서 형제자매는 필연적으로 파이를 나누어 먹는 사이일 수밖에 없다. 부모가 자녀들에게 헌신하고 사랑을 많이 준다면, 그 파이 조각의 사이즈가 다른 가정보다 좀 클 뿐, 나누어 먹는다는 사실이 달라지지는 않는다. 파이 나누기에서는 묘한 심리가 작용한다. 다른 사람이 가진 조각이 더 커 보인다는 것이다. 제일 큰 조각이라고 판단했어도 집는 순간, 다른 사람 것이 더 커 보인다. 아이의 입장에서 형제란 나 혼자 다 먹고 싶은 파이를 빼앗아가는 '라이벌'이자 '적'이다. 나만 바라보던 부모의 시선을 빼앗아간 적이다. 자녀들 간의 사소한 다툼이야 우애하라며 타이를 수 있지만, 반복적이고 적대감이 실린 싸움은 이러한 논리를 가정하지 않고서는 이해할 수 없다.

　　정신분석의 창시자 지그문트 프로이트는 일찍이 형제간의 라이벌 의식
을 '운명'이라고 했다. 자라면서 필연적으로 겪어야 하는 좌절이요, 때로 감
당할 수 없는 상처(trauma)라고 하였다. 사실 형제간의 다툼은 누구나 겪어
야 할 운명이며 성장 과정이다. 이처럼 '나누어 먹어야 하는 운명'이라는 것
을 이해한다면, 다투는 자녀들을 대하는 태도도 달라질 수 있을 것이다.
이제 막 동생을 본 형이 시샘을 한다면, 왕좌에서 하루아침에 몰락한 아이
의 억울함을 이해해주는 것이 필요할 것이다. 좀 더 자란 형제자매가 싸움
을 한다면 웬만하면 모르는 체하거나 둘 다 따끔하게 혼을 내주는 것이
가장 객관적인 해답일 것이다. 하지만 어떤 이유에서든 자녀들의 다툼을
바라보는 부모의 마음은 편치가 않다. 그냥 지나치거나 공정한 심판관이

되어 바라보기가 쉽지 않다. 부모도 사람인지라 누군가의 편을 들게 되고, 그 편을 받지 못한 아이는 강하게 반발하거나 눈물 바람을 일으키고, 이것이 또 다른 앙금과 다툼의 불씨가 된다.

부모의 마음엔 방이 여러 개 있고, 그 크기와 깊이가 저마다 다르다. 그리고 자녀들은 각기 다른 방에 자리하고 있다. 큰아이는 95점을 맞아도 한 개 틀린 것이 못마땅하고, 막내는 80점만 맞아도 기특해 죽겠는 이유가 이 때문이다. 그러니 '열 손가락 깨물어 안 아픈 손가락이 없다'는 말로 변명하는 것은, 그렇지 않아도 억울한 아이를 두 번 죽이는 말이다. 아이는 이미 알고 있다. 부모가 나보다 동생을 더 사랑한다는 것을. 엄마의 마음속에 있는 동생의 방이 나의 방보다 훨씬 예쁘다는 것을. 아무리 고루 나누어준다고 해도, 편견이나 편애가 들어가지 않을 수는 없다. 하지만 아이들이 들어가 있는 마음의 방이 빛깔부터 전혀 다르거나 층의 편차가 심하면, 아이들의 마음에는 상처가 남고 좌절의 골이 깊어진다. 큰아이 심술이는 자기의 방보다 더 예쁘고 안락한 동생의 방이 갖고 싶어 견딜 수가 없다. 엄마한테 아무리 수신호를 보내도 한번 정해진 방이 어떻게 달라지지는 않는다. 그러니 가장 쉽고 가까운 방법은 동생한테 화풀이하는 것밖에는 없을 것이다.

이것이 누구의 책임인가를 묻고 싶어질 수도 있다. 아이의 타고난 성향도 있다. 예쁨도 미움도 아이한테서 온다고 하지 않던가. 출생 순서나 성별도 부모의 방을 차지하는 데 중요한 요인이 될 수 있다. 그러니 부모 잘못은 아니지 않은가. 부모자식 간에도 궁합이 있으니, 타고난 팔자라고 말하는 편이 더 나을 것이다.

하지만 부모의 성장과정에서 형성된 '마음의 방'에, 아이가 선택의 여지 없이 배정되어버렸다면 문제는 좀 달라질 것이다. 큰아이는 항상 어른스러워야 하는 마음의 방에, 작은아이는 그저 예쁘고 귀엽기만한 마음의 방에 일찌감치 배정되어버렸다면, 좀 더 생각해봐야 할 문제이다.

큰아이 심술이가 그토록 화를 내는 것은, 엄마가 강요하듯 정해놓은 방을 벗어나기 위한 몸부림인지도 모른다. 큰아이 심술이가 동생을 그토록 증오하는 것은 엄마의 또 다른 방을 차지한 동생을 질투하기 때문인지도 모른다. 이쯤되면 고민은 부모의 몫이 되고, 이 장에서 다루게 될 주제이기도 하다.

착한 아이 증후군

··

책상은 네 개의 다리를 가지고 있다. 이들 중 어느 하나가 헐거워져도 책상으로서의 기능을 제대로 발휘하기 어렵다. 사람의 마음도 마찬가지이다. 희(喜), 노(怒), 애(哀), 락(樂)의 감정 가운데 어느 하나만 미흡해도 절름발이가 된다. '착한 아이'의 이름 뒤에 '증후군'이란 단어가 붙는 이유는 그 때문이다.

유치원에 다니는 '착희'가 요즈음 부쩍 짜증을 낸다. 조그만 일에도 금방 눈물을 보이고, 동생에게 화도 내고, 무엇보다도 가장 아끼고 사랑하던 강아지를 가끔 때리는 것을 엄마가 목격하게 된 것이다. 그러던 어느 날 엄마가 유치원에서 돌아온 착희의 얼굴에 상처가 난 것을 발견하고 어찌된 일인지 묻자, 울기만 하고 얘기를 하지 않았다. 엄마의 추궁 끝에 착희가 한 말은, 반 친구가 자기를 이유 없이 때리고 괴롭힌다는 것이었다. 처음에는 툭툭 치는 것부터 시작했는데, 자신이 별 대항을 하지 않자 차츰 괴롭히게 되었다는 것이다.

전문가들은 '착한 아이'의 이름 뒤에 증후군이라는 말을 덧붙인다. 즉 그 자체로 건강하지 않다는 뜻이다. 즉, 감정의 절름발이라고 할 수 있을 것이다. 자신의 감정을 원활하게 활용하지 못하고 '착함'을 하나의 방어기제[1]로 사용하고 있기 때문이다. 또 다른 예를 들어보자.

'반전이'는 상담실에 오기 얼마 전까지만 해도 '엄친아'였다. 공부는 말할 것도 없고, 준수한 외모에 예의까지 발라서 어른들을 보면 인사 없이 지나치는 적이 없었다. 아빠는 회사에 다니고, 엄마는 자영업을 해서 아빠보다 늦게 귀가할 때가 많았다. 때문에 엄마를 대신해서 여동생을 돌보는 것도 반전이의 몫이었다. 도우미 아주머니가 해놓은 반찬들을 꺼내서 동생과 같이 저녁을 먹고, 숙제도 봐주고 아빠가 회사 일로 늦는 날이면 엄마가 돌아오는 늦은 시간까지 동생을 돌보았다. 어디를 가든 여동생을 데리고 다니는 반전이를 보면서 주변 어른들은 참 기특한 아이라고 했다.

반전이가 달라지기 시작한 것은 이사와 전학을 하게 되면서부터였다. 전에 다니던 학교보다 수준이 높아 학업 따라가기를 버거워했다. 새로운 학교 공부를 따라가려면 학원에도 다녀야 하고, 새로운 친구도 사귀어야 하지만 동생을 돌보아야 하기 때문에 이 또한 편치 않았다. 어려운 공부를 따라가는 일, 새로운 친구를 사귀는 일, 그리고 여전히 동생을 돌보아야 하는 일을 동시에 하는 것이 버거웠던 반전이는 열심히 노를 젓던 팔을 차

---

[1] 두렵거나 불쾌한 상황이나 욕구불만에 직면했을 때 스스로를 방어하기 위해 자동적으로 취하는 적응 행위.

츰 놓아버렸다. 성적이 떨어지고 무기력해지면서, 동생을 돌보는 일도 소홀
해졌다. 자연히 엄마의 질책이 뒤따랐다. 마침 아버지가 회사에서 지방 발령
을 받게 된 후부터 엄마와 충돌이 더 빈번해졌다. 이미 사춘기에 들어선 아
들과 어머니는 서로 육탄전이 오갈 정도로 싸우게 되었고, 남에게 화를 내
본 적이 없는 엄마 또한 아들과 이렇게 싸우는 것 자체가 깊은 상처로 남
았다. 결국 소아정신과를 찾은 반전이는 우울증 진단을 받았고 약물치료
와 더불어 정신치료를 받게 되었다.

반전이의 부모들은 법 없이도 살만큼 순한 사람들이었다. 엄마 본인은
수수하고 검소하면서도, 어려운 사람들을 위해서는 목돈을 아낌없이 내어
놓는 사람이었다. 아이 때문에 힘들어하는 그 엄마를 보면 '착한 사람은
상을 받고 나쁜 사람을 벌을 받는다'는 옛날 말이 꼭 그렇지만은 않은 것
같아 안타깝다.

인간의 감정은 대개 희로애락(喜怒哀樂)으로 구성되어 있다고 한다. 우
리가 사용하는 식탁이나 책상은 대개 네 개의 다리로 구성되어 있다. 이들
중 어느 하나의 나사가 헐거워지면 가구로서의 온전한 기능을 할 수 없다.
감정도 마찬가지이다. 어느 한쪽을 차단하거나 어느 한쪽이 두려워 다른
쪽만 사용하게 되면 감정의 불균형을 가져오게 된다.

사람은 누구나 착하기도 하고 동시에 악하기도 하다. 누구는 착하고
누구는 악하다 단정 짓는 이분법은 통하지 않는다. 그런 이분법이 있다면
그것은 아마도 둘 간의 '역할분담'이라고 말하는 편이 더 정확할 것이다.

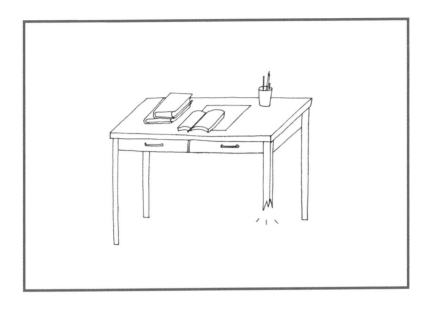

'착한 아이'에 '증후군'이라는 말을 덧붙이는 이유는 우리가 마음속에서 착한 것과 나쁜 것 사이에 옹벽을 쌓아두고 있기 때문이다. 이 둘이 서로 소통하지 못하고 한쪽만 사용하게 되기 때문이다.

칭찬은 약일까 독일까?

'칭찬은 고래도 춤추게 한다'고 어느 베스트셀러 작가는 말했다. 그런가 하면 '칭찬은 독이 된다'고 말하는 학자도 있다. 둘 다 맞는 말인데, 문제는 어느 경우에 어느 것이 맞느냐는 것이다. 사실 칭찬만큼 누군가를 신나게 하는 것도 없다. 하지만 그것에 사로잡히게 되는 순간 독이 될 수 있다.

해바라기.

　자신에게 시선을 주지 않는 해님을 끝도 없이 바라보다가 서산너머로
사라진 황혼을 등지고 힘없이 고개를 떨어뜨리는 운명을 말한다. 부모가
내게 시선을 주지 않을 때, 아이는 부모를 바라보면서 부모가 뭘 원하는지
를 끊임없이 탐색한다. 부모와 시선이 마주치지 않을 때 아이의 가슴은 타
들어가고, 어쩌다 시선이 마주치면 그 단비 같은 순간을 아이는 놓치지 않
는다. 아이는 그 단비를 찾아 끝없는 사막을 걸을 것이고, 그 단비를 찾는
것이 삶의 목표가 될 것이다.

　칭찬이 독이 되는 순간이다. 내가 원하는 것보다 남이 원하는 것이 더
중요해지는 순간이자, 나보다 다른 사람이 더 중요해지는 순간이다. 칭찬
과 인정에 목말라하게 될 때, 우리는 칭찬이 독이 된다고 할 수 있다. 전문
적 용어로 '참자기'(true self)'가 아닌 '거짓자기'(false self)'로 인생을 살아가게 된
다고 말한다. 자크 라캉은 이것을 '타자의 욕망'을 살아가는 삶이라고 표

현했고, 프로이트는 이 과정을 '2차적 나르시시즘'이라고 불렀다. 1차적 나르시시즘과 2차적 나르시시즘에는 중요한 차이가 있는데, 전자는 누구나 당연히 거쳐가는 과정이고, 후자는 좌절을 겪은 후에 나타나는 것이다. 그 좌절을 이론가들은 '심리적 대상상실'[2]이라고 부른다.

이것을 가장 잘 설명한 이론가는 단연 위니콧이다. 그의 이론을 응축시켜 말한다면 앞에서 말했듯 '착한 아이의 고달픔에 대하여'라고 할 수 있다. 그는 엄마와의 관계를 통해서 형성되는 유아의 마음이, 엄마가 유아에게 민감하지 못할 때 겪는 비극에 대해서 설명하고 있다.

엄마바라기

엄마는 아기에게 민감해야 한다. 말을 할 줄 모르고 스스로 원하는 것을 채울 수 없는 유아에게 엄마는 민감해야 한다. 엄마가 아이에게 민감하지 못하면, 아이가 엄마에게 민감해지게 되기 때문이다. 내가 배고프다는 사실보다 엄마가 내게 밥을 줄 수 있는 상태인지에 더 민감해지기 때문이다. 그렇게 되면, 자신이 원하는 것보다 남이 원하는 것을 먼저 알게 되는 아이로 자라게 된다. 남에게는 좋을 수 있지만 본인은 진정한 행복이 무엇인지 자각하기 어렵게 될 수 있다.

인간의 가장 큰 비극 중 하나는 스스로 독립해 살아갈 수 있을 때까지

---

[2] '심리적 고아'를 뜻한다. 실제로 엄마가 존재하지만 내가 원하는 엄마는 존재하지 않는다는 의미이다.

오랜 시간이 걸린다는 것이다. 언어로 의사표현을 할 수 있게 되기까지도 오랜 시간이 걸린다. 때문에 위니콧은 엄마가 아이에게 민감해서 아이가 원하는 것을 잘 알아서 챙겨주어야 한다고 했다.

엄마가 아이에게 민감하지 못하면 어떻게 될까? 그러면 거꾸로 아이가 엄마에게 민감하게 되어 엄마가 원하는 대로 순응하는 아이가 된다고 했다. 자신의 욕구는 묻어둔 채 엄마가 원하는 것을 마치 자기가 원하는 것인 양 받아들이게 된다. 엄마바라기가 되는 것이다. 엄마에게는 좋을 수 있지만, 아이에게는 비극적인 인생의 출발이 된다. 처음 몇 번은 울고 떼를 쓸 수 있겠지만, 이내 포기하고 순한 아이가 될 것이다. 자신이 원하는 것을 감추어둔 채, 남이 원하는 것을 자신의 삶으로 받아들이며 살게 된다. 무얼 먹고 싶으냐고 물어도 '아무거나' 먹고 싶은 아이가 될 수 있고, 무엇을 하고 싶으냐고 물어도 '아무거나' 하고 싶은 아이로 자랄 수 있다는 것이다.

그렇다면 엄마가 아이에게 민감해야 한다는 것은 어떤 의미인가.

첫째, 본능적으로 민감하다는 것이다. 새끼를 낳은 어미 개를 본 적이 있을지 모르겠다. 새끼를 낳은 어미는 본능적으로 주위를 경계한다. 때로 주인도 물려 한다. 젖을 먹이고, 새끼가 낳은 배설물을 다 핥아 먹는다. 새끼를 보호하려는 본능이 작용한 결과이다. 위니콧은 출산을 한 엄마도 이와 같은 상태가 된다고 하였다. 아기에게 민감한 상태가 된다는 것이다. 잠이 든 상태에서도 아기가 뒤척거리면 엄마는 잠에서 깨어난다. 멀리 구석방에서 자던 아기가 깨어 울어도 엄마는 그 소리를 들을 수 있다. 위니콧은 이것을 '모성적 몰입상태(maternal preoccupation)'라고 하며 생리적인 현상이라고 하였다. 그의 이론에 의하면 이러한 생리적인 현상은 몇 달 후면 사라지지만, 엄마는 이후에도 이러한 마음으로 아이를 키워야 한다. 아이가 뭘 원하는지, 같은 울음소리에서도 원하는 것들을 변별해낼 수 있어야 한다. 이렇게 충분히 원하는 것을 공급받을 수 있을 때, 아이의 자아(ego)가 잘 형성되기 때문이다.

위니콧은 아기가 자신의 신체를 통해서 엄마를 느낀다고 했다. 아기는 피부로 전달되는 엄마의 감촉을 느끼고 그 감촉에서 엄마의 감정을 찾게 된다. 자궁 속에서만 엄마와 연결되어 있는 것이 아니라 태어난 후에도 자신의 피부를 통해 엄마를 느끼게 된다는 것이다. 그리고 이러한 느낌이 아이의 마음 세계를 채색하게 된다는 것이다. 엄마의 사랑과 기쁨이 전달되면 아이의 마음속에 행복한 그림이 그려질 것이고, 엄마가 우울하거나 무력하면 우울한 그림이 채색된다고 한다. 따라서 엄마가 아이에게 민감하지 못하면 세상으로 향한 문을 닫아버리거나 아니면 엄마에 민감하게 되어서 엄마바라기가 된다는 것이다.

이렇게 되면 견고한 자아가 만들어질 수가 없다. 일단 희로애락을 골고루 사용할 수가 없다. 이때 감추어지는 것 중의 하나가 '화' 혹은 '공격성'이다. 위니콧은 유아들은 얼마간 '무례함(ruthlessness)'을 타고나는데, '부모는 아이로 하여금 보복에 대한 두려움 없이 부모에 대한 무례함을 즐길 수 있도록 해주어야 한다'고 하였다. 그래야 희로애락의 감정이 골고루 발달하게 된다는 것이다. 적어도 일정 시기 동안에는 이러한 무례함이 받아들여져야 오히려 더 예의바른 아이로 자랄 수 있기 때문이다.

언제 철들래?

...

성숙이라는 것이 '어른스럽다'는 말로 표현된다면 이는 성숙의 지극히 일부분만을 설명하는 것이다. 진정한 성숙이란 아주 어린 아이의 모습부터 현재 나이까지의 모습을 고루 갖추고 있으면서 이들을 적재적소에 표현할 수 있는 융통성을 말한다.

철이 일찍 드는 아이들이 어린 나이에 상담실을 찾는 경우는 드물다. 대개는 사춘기가 시작되거나 청소년기에 전혀 다른 아이가 되어버린 후 놀란 부모님들에 의해서 상담실을 찾게 된다.

제 나이보다 일찍 철이 든다는 것은 무언가 필요한 것을 생략했다는 의미일 수도 있다. 필수 영양소가 빠진 음식 같아서 언젠가 그 영양소의 결핍으로 인한 대가를 치르게 된다. 철이 일찍 든다는 것은 부모에게만 좋을 뿐, 아이 자신에게는 불행일 수 있다.

간단해 보이는 이 이론은 사실 많은 것을 설명해준다. 착한 아이 신드롬, 나쁜 남자에 빠지는 마력, 그리고 성공할수록 공허해지는 것, 그래서 남 보기에는 세상 부러울 것 없어 보이는 사람들이 어느 날 갑자기 자살했다는 소식 등이 이와 관련된 것일 수 있다.

예를 들어보자. 엄마가 아이에게 민감하지 못하면 아이는 배가 고파 젖을 달라고 울 것이다. 그런데 젖을 제때 주지 않는 일이 반복되면 아이는 생각을 달리하게 된다. 누군가가 젖을 줄 때까지 손을 빨면서 스스로 배고픔을 달래는 '순둥이'가 될 수 있다. 나중에는 배가 고픈 건지 그냥 기운이 없는 건지 자신의 감각을 잘 모를 수도 있다. 경우에 따라서는 언제쯤 내게 필요한 것을 줄 수 있는지 엄마를 시선으로 따라다닐 수도 있을 것이다. 아이가 엄마에게 민감해지게 되는 것이다. 앞서 엄마가 아이에게 민감하지 못할 때, 반대로 아이가 엄마에게 민감해진다고 한 위니콧의 이론에 따라서 말이다. 쉽게 표현하자면, 아이가 엄마 눈치를 보게 된다는 뜻이다.

한편, 엄마가 아이의 욕구에 민감하지 않을 때 아이가 취할 수 있는 또 다른 방법이 있다. '떼쟁이'가 되는 것이다. 자기가 원하는 것이 생기면 무조건 떼를 쓰고 보는 아이로 자랄 수도 있다. 순둥이와 떼쟁이는 겉으로 드러나는 행동은 전혀 다르지만, 갖고 있는 마음의 상처는 똑같다. 바로 원하는 것을 얻지 못했다는 좌절이다. 이 둘은 짝꿍이다. 통하는 구석이 있다. 그래서 이들이 유치원 가고 학교에 가면 가끔 친구가 되기도 한다. 한 아이가 다른 아이를 챙겨주는 관계가 되기도 하고, 한 아이가 다른 아이를 치근덕거리며 못살게 굴기도 한다. 같은 마음의 상처를 갖고 있기 때문이다. 연애관계에서는 순둥이 여인이 나쁜 남자에게 꽂힐 수도 있다. 가끔은 도가 지나쳐 주변 사람들을 안타깝게 하기도 하지만, 누가 누구를 탓할 것은 못된다. 필요하기 때문에 만나는 것이니까. 앞서 언급했듯, '역할분담'이라고 이해할 수 있을 뿐이다. 둘은 '좌절'이라는 공통된 주제를 가지고 있고, 하나는 착한 아이 신드롬에 갇혀서 표현하지 못했던 화나 울분을 상대방을 통해 해소한다. 그래서 역할분담이다. '순둥이'는 '떼쟁이'를 미워하면서도 카타르시스가 주는 마력이 있기 때문에 쉽게 벗어나지 못한다.

버릇 잡기, 어디까지 해야 하나?

....

"부모는 유아로 하여금 보복에 대한 두려움이 없이 공격할 수 있도록 해주어야 한다." —도널드 W. 위니콧

'무례미'의 엄마는 난처할 때가 많다. 아이가 어른들 앞에서 가끔 무례한 행동을 하기 때문이다. 할아버지가 오시면 반갑다고 바지가 흘러내리도록 붙잡는다. 또 앉아계신 할머니 머리를 자꾸 잡아당긴다. 손님들이 오면 반갑다고 하는 행동들이 무례하기 짝이 없다. '아이가 뭘 알겠냐, 반가워서 그러지.' 어르신들은 그렇게 말하지만 엄마로서 어찌할 바를 모르겠다. 화가 나면 엄마를 때리기도 한다. 아이 손이 매워서 아프고 순간 화가 치밀어 오르기도 한다. 엄마가 아파하면 웃으며 도망간다. 아직 말도 잘 못하는 아이를 나무랄 수도 없고, 이 무례함을 어떻게 해야 할지 모르겠다.

자녀를 훈육할 때 가장 어려운 것 중 하나가 무례함이나 공격성을 다루는 것이다. 엄마의 머리카락을 잡아당기는 것에서부터, 동생을 괴롭히거나 유치원에서 친구들을 때리는 행동, 공공장소에서 울며 생떼를 부리는

행동, 자기 마음에 안 차면 물건을 집어던지며 울부짖는 행동 등, 아이들은 예측할 수 없고 남 보기 민망한 행동들로 부모를 당혹케 한다.

때로는 단호하게, 때로는 세심히 마음을 살펴가면서 해야 하는 훈육의 과정은 부모들에게 가장 어렵고, 많은 인내력을 요구하는 부분이다.

아직 말뜻을 잘 알아듣지 못하는 어린아이의 무례함이나 공격성을 다룰 때 부모가 먼저 이해해야 할 것들이 있다. 첫째, 꾸지람을 들을 때 아이는 부모가 나를 미워한다고 느낀다. 둘째, 아이는 부모가 화내는 감정과 체벌하는 행동을 배운다는 것이다. 이것만 주의한다면 어떻게 훈육을 하든 관계없다. 하지만 이런 부작용을 피하는 것이 쉽지만은 않다. (물론 예외 없이 단호해야 할 때도 있다. 아이의 공격적인 행동이 아이 자신이나 다른 사람의 신체에 직접 피해가 가는 경우이다.)

아직 말귀를 알아듣지 못하는 어린아이의 경우, 자신의 무례함이 상대를 얼마나 아프고 고통스럽게 하는지 직접 볼 수 있게 하는 것이 좋다. 예컨대 아이가 엄마 머리를 잡아당길 때 아프다는 표정이나 우는 표정을 지어서, 자신의 행동이 상대방에게 어떠한 영향을 미치는지 느끼게 해주는 것이다.

공격성이란 무엇이며, 아이들은 왜 공격적인 행동을 보일까. 동양사상에도 '성악설'이 있기는 하지만, 프로이트는 공격성이 '타고나는 것', 즉 인간이 가진 본능 중의 하나이자 에너지의 중요한 원동력이라 하였다. 다른 이론가들은 본능이라기보다 '욕구 좌절의 결과로 나타나는 감정'으로 보았다. 아이들은 저마다 살기 위해 필요한 욕구가 있는데, 이것이 충분히 채워지지 못할 때 공격성으로 나타난다는 것이다. 다 우리가 익히 들어본 말이다.

프로이트가 말한 공격성(aggression)을 위니콧은 '무례함'이라는 말로 표현하였다. 위니콧이 말하는 이 무례함에는 '아이가 기쁜 나머지 행동이 과하게 표현되는 것'이 포함되어 있다. 그리고 언어로 자신을 표현하지 못하는 3세 이전의 유아들이 하는 행동을 포함한다.(3세 이후에 나타나는 공격성에 대해서는 뒤에서 다시 자세히 다룬다.)

그리고 이와 관련하여 유교문화에 뿌리를 둔 우리의 정서로는 이해하기 어려운 말을 한다. '부모는 유아로 하여금 보복에 대한 두려움 없이 부모를 공격할 수 있도록 해주어야 한다.' 말인 즉, 아이들이 무례해도 웃으면서 받아주라는 뜻이다. '받아주는 것은 그렇다 치고, 버릇 나빠지면 누가 책임질 건가?' 대한민국 부모라면 대부분 이런 생각부터 스쳐갈 것이다.

결론부터 말하면, 나는 이 말이 부모 중의 가장 '고수'가 가질 수 있는 철학이 아닐까 생각한다. 정신분석 훈련과정에서 내게 큰 깨달음을 주었던 문구이기도 하다. 오랫동안 화두로 삼은 말이자 나를 방황케 했던 말이며, 내 삶의 큰 바윗덩어리로 들어앉아 있던 문구이기도 했다. 하지만 아이들과의 갈등 폭을 크게 줄일 수 있었던 계기가 된 문장이기도 하다. 위니콧의 이 문구를 접했을 때, 처음에는 문장이 잘못되었나 했다. 문자적으로는 모호한 데 없이 정확한 문장이었지만, 나는 경험해보지 않은 일이라 이해할수가 없었다. 부모 마음이 얼마나 살가워야 무례한 짓을 해도 아이가 예뻐 보일까. 부모 마음이 얼마나 살가워야 자식이 떼를 써도 밉지 않을까.

우리가 느끼는 생소함에도 불구하고, 위니콧을 비롯한 많은 학자들은 아이들의 공격성을 조심스럽게 다루는 것이 중요하다고 의견을 모은다.

그 이유는 첫째, 공격성은 그 자체로 중요한 에너지의 근원이다. 그것이 본능이든 욕구 좌절의 결과로 인한 것이든 댐이 막혀 있으면 에너지의 흐름이 원활하지 못하게 된다. 공격성은 인간의 감정인 희로애락을 구성하는 중요한 요소 중 하나이다. 따라서 공격성을 적절히 표현하지 못하면 내적으로도 외적으로도 감정의 소통이 원활하지 못하게 된다. 공격성이 외부로 향하지 못하고 내부로 향하게 되면 우울감에 빠지게 된다. 프로이트의 정의에 따르면 우울이란 '내부로 향하는 분노'이다. 남에게 화를 내는 대신, 자신을 미워하고 비난하게 된다. 스스로를 못나서 사랑받지 못하는 존재라고 여기게 된다. 자신감이 없고 자존감이 낮아지는 것은 당연한 귀결이다.

둘째, 위니콧은 무례함이 훗날 '창조성의 근원'이 된다고 하였다. 창조성이란 남이 가지 않은 길을 찾아가는 과정이다. 비난을 받지 않기 위해 정해진 길로 가는 한, 창조성을 기대하기는 어렵다.

셋째, 아이들이 발달해가는 과정에 '나르시시즘'이라는 고개가 있다. 뒤에서 다시 설명하겠지만, 아이들의 발달과정에서 꼭 거쳐야 하는 중요한 관문이다. 아이들에게는 '세상에서 내가 가장 잘났다'고 뻐기고 싶은 시기가 있다. 어른들의 눈에는 우습고 보잘것없어 보여도, 자신이 만든 것들이 대단하다고 우기는 때가 있다. 이럴 때 나타나는 아이들의 무례함은 자신감의 자양분이 될 수 있다. 벼는 익을수록 고개를 숙인다고 하지만 그 벼가 고개를 숙이기 위해서는 일단 튼실하게 하늘을 향해 쭉 뻗는 시기가 필요하다. 자라기도 전에 고개를 숙이는 벼는 절대로 영근 열매를 맺을 수도, 그 열매를 감당할 줄기를 가질 수도 없다.

착한 아이의 고달픔에 대하여

: 도널드 위니콧

Donald Wood Winnicott(1896-1971)

영국 휴양도시 플리모스의 조용한 마을, 언덕 위에 자리 잡은 정원이 아름다운 집. 일하는 여인들이 분주하게 오가는 부엌. 한쪽 구석에 자그마한 사내아이가 장난감을 가지고 놀며 이들을 바라보고 있다.

위니콧 어린 시절의 한 단면이다. 아버지는 사업으로 동분서주했고, 어머니는 허약하고 우울한 사람이었다. 위로는 누나가 둘 있었다. 정원사만 빼면 온통 여자로 둘러싸인 '여인천하' 속에서 자랐다. 활동적이고 명망 있는 아버지 덕분에 유복한 환경에서 자랐으나 정서적으로는 마음 깊이 기댈 대상이 없었다.

늦도록 변성기가 오지 않고, 유모들에게 둘러싸여 자라는 내성적인 아들이 못마땅했던 아버지는 그가 열세 살이 되던 해에 갑자기 기숙학교로 보내버렸다. 어린 나이에 갑자기 가족들과 떨어지게 된 이 '교육적 유배'를 그는 충격과 상처로 기억했다. 사업을 이어받기 바랐던 아버지의 바람과는 달리 의과대학에 입학했고, 졸업 후 의사가 될 때까지 평범하고 착실한 청년기를 지냈다.

소아과의사로 출발했으나 개인적인 고통, 즉 어머니의 죽음과 결혼생활의 어려움으로 정신분석을 받게 되었다. 이것을 계기로 정신분석가로서의 길을 가게 되었고 특히 어머니와 영유아의 관계를 탐색하는 이론가이자 임상가로서 명성을 날리게 되었다. 프로이트가 인간의 본능적 에너지에 중점을 두었다면 위니콧은 엄마와의 관계 속에서 유아의 마음이 어떻게 형성되는지에 더 중점을 두었다. 그래서 그를 정신분석학자 중에서도 '대상관계 이론가'라고 부른다. 그가 초창기 대상관계 정신분석 그룹을 이끈 후, 페어비언W. Ronald D. Fairbairn, 발린트 Alice Balint, 보울비John Bowlby 등이 동료이자 후배로 그의 이론들을 이었다.

대상관계 발달이론이란 아이의 마음이 엄마와의 상호작용 속에서 어떻게 형성되어가는지 설명하는 정신분석 이론이다. 유아의 마음이 다치지 않게 엄마가 어떻게 아이의 마음을 보살펴야 하는지, 아이의 마음속에 자존감, 즉 마음의 근육이 생긴다는 것은 무엇인지, 아이의 공격성은 어떻게 다루어야 하는지, 엄마와 심리적으로 분리되어가는 과정에서 적절한 좌절은 어떠한 것인지 등에 대해서 이야기한다.

위니콧은 엄마가 아이에게 민감해야 한다는 '모성적 몰입상태maternal preoccupation' 이론을 통해 마치 어미 개가 새끼를 돌보듯 엄마가 아이의 상태를 민감하게 알아차려야 한다고 하였으며, 그렇지 못할 때 부모의 사랑이 필요한 아이는 '해바라기'가 될 수밖에 없다고 했다. 눈길도 주지 않는 해를 끊임없이 바라보다 고개를 떨어뜨리는 아이의 심정을 '참자기true self 와 거짓자기false self'라는 용어로 설명하였으며, 이것은 후에 발달이론가들에게 많은 영감을 주었다. 보울비는 이것을 '안정 애착과 불안정 애착'이라는 말로 표현하였고, 코헛은 나르시시즘을 재조명하면서 아이가 엄마의 심리적 허기를 채워주기 위해서 '엄친아'가 되기 위해 발버둥 쳐야 하는 비극에 대해서 설명했다.

소아 정신분석가로서 당대에 위니콧만큼 학계에서뿐 아니라 일반인들에게도 선풍적인 인기를 끌었던 사람도 드물다. 제2차 세계대전이 끝난 1950년대에 그는 방송과 강연을 통해 엄마와 아이의 관계에 대해서 많은 것들을 이야기하고자 하였다. 특히 전쟁고아들에 대한 연민을 가지고 이들을 보살피는 보육시설을 만들기도 하였다.

위니콧은 자신의 명성에도 불구하고 한 번도 남을 비판하지 않을 만큼 성품이 곱고 여린 사람이었다. 병약한 엄마에게 제대로 칭얼거리지도 못한 채 유모들 손에서 자란 '순한 아이'였으며, 어느 날 갑자기 기숙사에 내동댕이쳐진 채 말없이 외로움을 참아낸 내성적인 소년이었다. 심신 허약한 어머니가 돌아가시고, 막 시작한 결혼생활의 위험을 감지하고 정신분석을 받기 시작한 20대를 거쳐, 프로이트와는 다른 시각에서 본 인간 내면에 대한 고찰로 세계적인 명성을 얻게 된 위니콧이 그의 대상관계 이론에서 전하고자 했던 메시지는 '참자기'가

되는 것이었다.

　　훗날 아버지보다도 훨씬 더 많은 명성을 얻었음에도 불구하고 평생 아버지를 거역하는 것을 힘겨워하였으며, 이러한 오이디푸스적인 갈등을 극복하려는 노력 탓에 죽음의 문턱까지 갔을 정도였다. 이는 그 역시 스스로 넘기 버거운 갈등을 지녔다는, 위니콧의 인간적 면모를 보여주는 대목이기도 하다.

제 잘난 맛에 사는 아이들

유아에게 엄마의 '공감'은 심리적 생존에 필수적이다.
공감의 상실은 모든 올바른 행동의 상실을 가져오며, 아이를 무능력하게 만든다.

– 하인즈 코헛 –

이제는 하인즈 코헛이 말하는 나르시시즘에 대해서 이야기하고자 한다. 근본적으로 위니콧이 말한 '참자기'와 크게 다르지 않다. 하지만 각도를 조금 달리해서 바라보면 자녀교육과 관련한 또 하나의 중요한 사실을 이해할 수 있게 된다. 어머니가 자녀에게 부여하는 '헌신'의 의미를 다시 한 번 새겨보고, 오늘날 선망의 대상인 엄친아, 엄친딸의 숨겨진 모습을 다시 한 번 검토해볼 수 있는 기회가 될 것이다. 더욱이 유아들의 훈육과 그 시기 등에 대해서도 재고해볼 수 있는 시간이 될 수 있을 것이다.

내가 제일 잘났어

•

고등학생 '우울이'가 엄마와 함께 심리치료를 받으러 왔다. 성적이 바닥을 보이고, 공부에 대한 흥미가 전혀 없다. 지난번 중간고사에는 아프다며 학교 가기도 거부해서 엄마가 상담실에 데리고 왔다. 아이는 우울하기만 할 뿐 세상에 아무런 애착을 보이지 않았다. 엄마는 1, 2년 전까지만 해도 도저히 상상할 수 없던 모습이라며 어떻게 하면 아이를 옛날로 되돌릴 수 있는지 물었다. 예쁘고 예의 바르고 뭐든 잘해서 대회만 나가면 상을 타오고, 공부도 잘해서 특수 고등학교에 거뜬히 입학했다. 하지만 입학하면서부터 친구도 잘 사귀지 못해서 혼자 다니고, 성적도 떨어지고, 언제부턴가 공부의 리듬을 잃어버리더니 급기야는 시험을 보지 않으려는 상황에까지 이르게 되었다.

이제 막 걸음마하는 아이를 키우는 엄마라면 먼 나라 이야기처럼 들릴 수 있겠지만, 일부러 고등학생의 이야기를 꺼낸 이유는 이 학생의 문제가 걸음마 때부터 시작되었을 가능성을 배제할 수 없기 때문이다. 어린아이를 키우는 엄마들은 눈앞에서 벌어지는 말썽에 고민하지만, 자녀가 조금만 더 성장하면 이러한 반전에 당혹해하는 경우가 더 많다. 속 썩이는 일 없이 잘 자라던 아이가 하루아침에 돌변해서 속수무책이 되기 때문이다. 그 뿌리는 생각보다 깊다.

이런 아이들을 일차적으로 '좌절에 대한 면역력'이 없는 것이라고 말할 수 있을지 모르겠다. 그것뿐이라면 문제는 간단하다. 면역력을 키우면 되니까. 하지만 이것이 나르시시즘의 문제라면 쉽지만은 않다.

내가 나를 사랑하는 것, 죽도록 자신을 사랑하는 것, 이것이 나르시시즘이다. 내가 세상에서 가장 예쁘고, 제일 사랑받을 가치가 있는 존재라고 생각하는 것, 내가 하는 일이 세상에서 최고로 잘한 일이라고 생각하는 것, 이것이 나르시시즘의 혼이다.

인간 누구나 갖고 있는 것이기에 고대로부터 신화에 실려 오늘날까지 전해지고 있는 이야기이다. 인간의 마음을 다루는 정신분석에서는 이것을 아주 중요한 개념으로 여긴다. 프로이트가 유아의 대상세계를 설명하면서 언급하였고, 코헛이 이것을 새로운 시각에서 재조명하였다. 7, 80년대는 코헛이 '나르시시즘의 시대'라고 할 만큼 나르시시즘이 시대적인 흐름과 밀접한 이슈가 되었다. 이 시기는 사회 전반적으로 경제적 여유가 생겼지만, 자녀의 수는 급격히 줄고 핵가족화되었다.

자녀를 양육하는 데 있어서 구세대와 신세대가 충돌하는 가장 큰 이유 중 하나도 이 문제가 아닐까 싶다. 아이들을 너무 버릇없이 키우는 것 아니냐 타박하는 구세대와, 내 아이 기죽이지 않고 최고로 키우고 싶다는 신세대. 언뜻 접점이 없어 보이지만 사실 동전의 양면 같은 부분도 있다. 어떤 양육 방법이 좋고 나쁜지 말하고 싶은 생각은 없다. 누구의 편을 들고 싶은 생각도 없다. 예로부터 항상 구세대는 신세대를 버릇없다 했고, 신세대는 구세대를 구태의연하다 했다. 그만큼 시대는 끊임없이 변화하고 발전하고 있다는 의미일 것이다. 여기서 우리가 알아야 할 것은 좀 더 본질적인 부분이다.

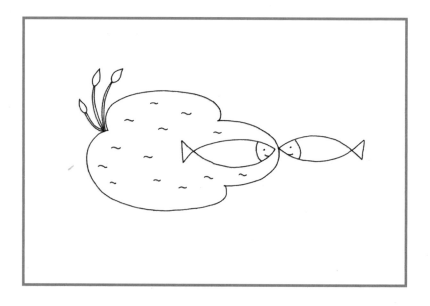

나르키소스의 전설

먼 옛날, 어느 숲 속에 나르키소스라는 멋진 정령이 살고 있었는데, 물속에 비친 자신의 모습이 너무 예뻐, 하염없이 바라보다 결국 물속에 빠져들어 죽었다는 것이 이 전설의 내용이다.

이렇게 간단한 이야기 속에 꽤 복잡한 심리과정이 담겨있다. 언뜻 보면 예쁘기만 한 연예인이 어느 날 자살을 했다든가, 사회적으로 성공해서 부러움을 사는 유명인들이 스스로 목숨을 끊었다는 소식을 접하게 될 때의 느낌을 떠올리게 한다.

스스로 목숨을 저버리는 것은 결코 쉽지 않은 일이다. 자신의 손을 진정으로 잡아주는 단 한사람만 있으면, 자신을 사랑해주는 단 한 사람만 있으면, 우리는 절대 스스로 목숨을 버리지 않는다. 물속에 비친 자신의 모습에 반해서 빠져죽은 나르키소스의 비극은 '진심'으로 자신을 사랑해준 사람이 없었기 때문에 일어났는지 모른다. 겉으로 보이는 화사함과 내면의 공허감, 이것이 나르시시즘이 갖는 비극이다. 남 보기에 화려한 경력은 내면의 공허감을 감추기 위한 몸부림일 수 있다. 혼자 있을 때 느껴지는 공허감으로부터 탈출하기 위해서 겉으로 화려해 보이려고 애를 쓰게 될 것이다. 이것이 나르시시즘의 그림자이다.

나르시시즘 : 심리적 공갈젖꼭지

사람은 누군가가 자신을 보아주고, 예쁘다고 사랑스럽다고 말해주기를 바란다. 그러면서 자기 자신을 하나의 파트너, 즉 대상으로 삼게 된다고 한다. 아이들이 손가락을 빨거나 자기 신체의 일부를 만지작거리며 놀며 외로움을 달래는 것과 마찬가지이다. 그래서 나르시시즘이란 '심리적으로 공갈젖꼭지를 빠는 것'과 같은 상태로 표현될 수 있다. 심리적 허기 때문에 무언가를 입에 넣고 우물거리지만 실제로 채워지는 것은 없는 것. 그저 당장에만 무언가 허기가 채워지는 것처럼 느껴지는 것, 공갈젖꼭지를 빼면 금세 다시 배가 고파지는 그런 것이다. 그것이 사랑이든 먹을 것이든, 채워지기를 갈망하는 것 그것이 나르시시즘의 속성이다.

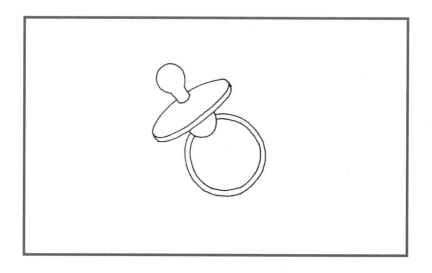

자신을 바라봐주는 사람이 없을 때, 위니콧이 말한 대로 자신의 욕구보다 상대, 즉 엄마의 욕구에 민감해져서 자신을 잃은 채 다른 사람의 삶을 대신 살아가는 '거짓자기'를 발달시키는 이유가 되기도 한다. 누군가 채워주지 않으면 스스로 찾아나서야 한다. 사랑, 애정, 인정을 받는 것은 아이들에게 때로 목숨만큼 중요해서 그것을 채우기 위해서 무엇이든 하고 싶어 한다. 내가 배고파도 동생에게 과자를 양보하는 이유는 부모로부터 칭찬과 관심을 얻기 위한 것이다. 시험 기간에 불면증에 시달리는 이유는 시험을 잘보고 싶다는 자기의 의지 때문이라기보다 부모의 인정을 받지 못하면 어떡하나 하는 두려움 때문일 수도 있다. 겉으로 보이는 행동은 모범생

일 수 있지만 '목적'이 다르다는 데 문제가 있다. 동생에게 느껴지는 사랑스러움이라든가, 새로운 것을 공부하여 알아가는 흥미와 재미보다도, 부모의 인정을 받고자 하는 욕구, 부모의 시선이 내게 머물지 않으면 어쩌나 하는 두려움이 더 일 순위가 되어버린 것이다.

이러한 면에서 위의 '우울이' 같은 사례를 단순한 면역력 부족으로 치부해버릴 수 없는 것이다. 우울이는 오히려 끝도 없는 엄마의 만족감을 채워주기 위해서 허덕이다가 지친 아이의 모습에 더 가깝다. 공부에 대한 흥미와 알아가는 재미가 아이의 주목적이라면 시험 한두 번 망친 것으로 이렇게까지 무너지지는 않는다. 자신에게 실망도 하고 화도 나겠지만 마음을 추스르고, 시간이 걸려도 목표한 만큼이 될 때까지 포기하지 않을 것이다. 위의 사례처럼 무너져버리는 경우는 자신에 대한 실망감에 부모의 불안까지 겹쳐서 아이가 감당할 수준을 넘어서버린 결과라고 보는 것이 더 타당하다.

치료 과정에서 우울이는 '엄마로부터 한 번도 제대로 칭찬을 받아본 적이 없다'고 했고, 그러자 엄마는 '교만해질까봐 그랬다'고 답했다.

독수리 같은 맹금류를 훈련시키는 방법이 있다. 간단하다. 사냥하기 전에 절대 배불리 먹이지 않는다. 사냥감을 물어 와도 한쪽만 떼어주고 만다. 그래야 다른 사냥감을 찾아나서기 때문이다. 물론 부모는 이것도 사랑이라고 말할 것이다. 그렇다. '그 부모'가 사랑하는 방식임에는 틀림없다. 하지만 그 사랑은 방향이 조금 빗나간 듯하다.

이 빗나간 사랑은 잠시 뒤로하고 정상적인 나르시시즘의 발달에 대해서 이야기해보자. 정상적 방향을 알아야 무엇이 어떻게 빗나갔는지 말하기가 더 수월할 것이기 때문이다.

정상발달로서의 나르시시즘

사내아이 '떼굴이'는 누나들과 놀다가 자주 떼를 쓰고 운다. 함께 게임을 할 만큼의 나이는 되었지만 서너 살 위의 누나들에게는 턱도 안 되는지라 번번이 진다. 게다가 게임이니만큼 누나들도 쉽게 양보하지 않는다. 게임이 중반을 넘어서 패배의 그늘이 드리우면, 떼굴이는 울먹거리기 시작하고 끝날 때쯤이면 울음이 폭발하면서 판을 뒤집는다. 뿐만 아니다. 여행을 가서도 무언가 마음에 들지 않으면 길바닥 한가운데 벌떡 드러눕는다. 가족 여행처럼 여러 사람이 움직여야 할 때에도, 한번 속이 엉키면 막무가내로 떼를 쓰고 본다.

나르시시즘이란 유아의 정상적인 발달과정에서 나타나는 것이다. '내가 세상에서 제일 잘났어', '내가 세상에서 가장 예뻐', 그리고 그것을 '엄마 아빠가 알아주었으면 좋겠어', 이런 심리가 발달과정에서 정점을 찍는 시기가 있다. 대략 항문기[3]에서 남근기로 넘어가기 직전, 즉 만 3세가 되어갈 무렵 나타난다고 본다. 남근기 무렵에 나타난다 해서 '남근기적 나르시시즘

---

[3] 구강기, 항문기, 남근기 등 프로이트의 발달이론에 따른 명칭은 2장에서 본격적으로 다루기로 한다.

(Phallic-Narcissism)'이라고 부르기도 한다.

서너 살의 아이들이 꼭 넘어야 할 산이 있다면 바로 '나르시시즘'이라는 산이다. '내가 세상에서 제일 잘났다'고 믿는 산을 넘는 것이다. '누구보다 잘났다'라는 비교의 개념이 아니라 그냥 내가 잘났다고 믿는 것이다. 뭔지 모르지만 내가 최고이고, 세상이 내 뜻대로 움직여야 한다고 믿는 시기다. 말도 안 되는 게임을 하면서 우기기도 하고, 자기가 잘못한 것도 엄마 때문이라고 한다.

모두 정상발달이다. 유아동기 전체를 하나의 산에 비유한다면 이 남근기적 나르시시즘은 그 산의 정상이라고 할 수 있다. 이후부터는 내려가는 길만 남았다. 남근기로 들어가면 엄마 아빠와의 3자 관계에서 더 이상 엄마는 '내 사랑'이 아니며 약자의 위치에 서있는 자신을 발견해야 한다. 죽도록 미운 동생을 '보듬는 척'이라도 해야 하며, 친구들과의 관계에서 살아남으려면 무수히 양보해야 한다는 것을 깨달을 수밖에 없다. 이러한 좌절을 잘 감내하고 참아내려면, 나르시시즘의 정상에서 내가 최고라고 외치는 '야호!'의 경험이 필요하다는 것이다. 그 희열의 경험이 있어야 아니꼬운 세상도 참아낼 수 있고, 나보다 잘난 친구가 있어도 크게 좌절하지 않을 수 있다는 것이다.

그 나 잘났다는 '야호!'에 부모는 '그래, 내 새끼가 최고'라며 메아리를 울려주어야 한다. 굳이 엄마 아빠가 깨우치려고 애쓰지 않아도, 아이들은 세상에 나가서 수도 없이 많은 좌절을 느끼게 된다. 아이가 좌절할 때마다 다독거려서 다시 그 좌절 속으로 내보내야 하는 게 현실이다. 이러한 과정을 가리켜 코헛은 아이가 견딜 수 있을 만큼의 좌절, 즉 '적절한 좌절 (optimal frustration)'의 과정이라고 불렀다.

나르시시즘이 문제가 될 것은 없다. 아이의 말대로 다 들어주면 버릇 나빠지는 게 아닌지 걱정스러워한다. 하지만 아이의 투정 한두 번 들어주는 것으로 버릇없는 아이가 되는 것은 아니다. 오히려 문제는 부모의 성숙도와 더 관련이 깊다. 특히 부모의 나르시시즘이 아이에게 투사될 때 문제가 된다. 아이 스스로가 좋아서 '내가 잘나고 싶다'는 것과 부모가 '너는 꼭 일등을 해야만 한다'고 하는 것은 질적으로 다르다. 처음엔 자신이 좋아서 한 일도 부모가 부담을 주면, 부모의 기대와 불안까지 아이가 떠맡아야 하는 짐이 되어 아이를 버겁게 한다.

공감 없는 헌신

..

아이의 나르시시즘은 정상발달 과정이다. 문제가 되는 것은 부모의 나르시시즘이다. 부모의 심리적 허기를 자녀를 통해 채우고자 할 때 자녀는 허덕이게 된다.

단어 하나만으로도 뭉클하거나 따뜻해지는 말이 있다. '공감(共感)'이라는 단어이다. 공감이란 말 그대로 '상대방의 마음을 헤아리는 것'이다. 남의 슬픔을 그대로 내 마음속에서 느껴주는 것, 그래서 상대방으로 하여금 혼자가 아니라고 느끼게 해주는 것. 그래서 조금이라도 위로가 되게 해주는 것. 아마도 이런 의미가 아닐까 싶다.

코헛은 모든 발달상의 문제를 어머니가 아이의 마음을 헤아리지 못하는 것, 아이의 입장에서 생각하지 못하는 것, 즉, '공감의 실패'로 보았다. 물론 요즈음엔 굳이 새삼스러울 것도 없는 말이고, 발달이론을 이야기하는 거의 모든 사람들이 이렇게 말하기는 하지만, 이 말을 제대로 이해하는 것은 쉽지 않다. 특히 남 보기에는 별 차이가 없어 보여도 사실, '헌신'과 '공감'은 별개인 경우가 많다. 훌륭하게 잘 키우고 잘 자라는 것처럼 보이지만, 내면적으로는 나르시시즘의 문제를 안고 있는 경우가 적지 않다. 겉으로는 잘 구분되지 않는다. 전교 일등을 하던 아이 친구나, 사회에서 촉망받던 인재가 승진에서 누락되었다는 이유로 자살했다는 소식을 듣게 되면 그제야 '아, 이게 뭐지?' 하게 된다.

코헛은 헌신적인 어머니와 그 헌신을 받고 자라는 아이들, 특히 '엄친아', '엄친딸' 들이 겪을 수 있는 나르시시즘의 고통에 대해 이야기하고 있다. '공감이 빠진 헌신'에 대한 이야기이다. 어머니 자신의 나르시시즘적 욕구를 채워주는 수단으로서 몰락한 자녀의 비극에 대한 이야기이다. 실제로 코헛 자신의 삶이 그랬다. 그의 어머니 역시 외아들인 코헛에게 헌신하였다. 단, 그 헌신에는 조건이 붙어있었다. 누구보다 자랑스러운 아들이 되어야 한다는 것, 나 이외의 다른 사람을 사랑해서는 안 된다는 것이었다. 이런 조건부 헌신의 울타리는 차츰 그에게 감옥이 되어갔다. 누군가를 사랑할 권리, 특히 아들로서 아버지와 누릴 수 있는 행복을 잃어버렸으며, 출중한 외모를 갖춘 유능한 의사였음에도 불구하고 오랫동안 미혼으로 남아 있었다.

말하지 않아도 아이들은 부모가 나에게 무엇을 기대하는지 안다. 즉, 내가 어떻게 해야 부모의 사랑을 받을 수 있는지 안다. 누가 뭐라 하지 않아도 피부로 느낀다. 뽀뽀만 해주어도 부모가 나를 예뻐해줄 거라고 믿는 아이가 있는 반면, 평생 벌어도 갖기 힘들 별장 같은 집과 차를 주어야 부모가 기뻐할 거라고 느끼는 아이가 있다. 같은 부모 아래 자식인데, 부모의 마음속에 머무르는 방이 다르면 그렇게 된다. 아이가 다르게 느끼는 것이 아니라 부모가 다르게 기대하는 것이다.

심리치료 장면에서 이러한 사례를 드물지 않게 보면서 한국사회가 안고 있는 고통이 무엇일까 생각해보게 된다. 사실 우리나라 부모들처럼 자녀에게 헌신하는 사회도 드물다. 오죽하면 미국 대통령이 극성스러울 정도로 헌신적인 한국 엄마를 부러워했을까. 그것도 공식석상에서.

내 아이가 최고라는 생각이 없다면, 내가 못했던 것들을 우리 아이가 잘 커서 보상해주리라는 기대가 없다면 어떻게 양육이라는 그 힘든 과정을 버텨낼 수 있을까. 부모가 오로지 아이의 욕구에만 공감하며 키워야 한다면 그처럼 '쓸개 빠진 일'이 또 있을까 싶기도 하다. 아이가 부모에게 '애착'을 갖는다고 하지만, 부모가 아이에게 갖는 애착 또한 만만치 않다. 아이가 배 속에 있을 때부터 서로에게 애착을 갖는다. 아이가 부모에게 의존한다고 하지만, 부모 또한 아이에게 의존하는 바가 매우 크다. 받는 것과 주는 것의 차이일 뿐 서로 공생관계이다. 부모의 헌신이 이러한 의존감을 바탕으로 하고 있을 때, 아이는 벗어날 방법이 없다.

부모, 특히 엄마와 아이는 다른 어떤 관계보다도 강하고 밀접한 관계이기 때문에 어디까지가 아이가 원하는 것이고, 어디서부터가 엄마가 원하는 것인지를 구분하는 것이 사실상 불가능할 때가 많다. 그럼에도 불구하고 이 둘을 구분해야만 한다. 자녀의 자아가 건강하게 성장하는 데 매우 중요하기 때문이다. 남이 볼 때는 크게 달라 보이지 않지만, 내면적으로는 엄청난 차이가 있다. 이에 따라 자녀의 '자아 성숙도'가 달라진다.

훈육과 적절한 좌절의 시소 타기

• • •

살아가는 데 있어서 좌절을 경험하는 것은 필요하다. 하지만 그 좌절을 어떻게 겪느냐에 따라 약이 되기도, 독이 되기도 한다. 훈육할 때 좌절을 주는 것은 어쩔 수 없으나, 좌절하는 아이의 마음을 읽어주는 것이 우선이다. 그리고 아이가 견딜 수 있을 만큼의 좌절이 가장 최적이고, 그 최적의 정도는 물론 아이마다 다르다.

'아이가 떼를 쓰기 시작하면 아무도 감당할 수가 없어요.', '아이가 고집을 너무 부려서 어떻게 해야 할지를 모르겠어요.'

같은 행동도 보는 이의 시각에 따라 달라질 때가 있다. 훈육과 좌절도 아마 그럴 것이다. 부모 입장에서는 아이를 잘 가르치기 위한 훈육이지만 아이의 입장에서는 내가 하고 싶은 것을 못하는 좌절이 된다. 더욱이 약자인 아이의 입장에서는 '엄마는 나를 미워해'로 전해져올 수 있다.

아이가 하고자 몸부림치는 것이 부모에게는 고집으로 느껴지는 것, 이것이 간극의 시작이다. 그리고 이러한 틈은 아이가 말을 하게 된다고 해서 없어지는 것이 아니다.

부모와 자녀는 오래도록 언어 이전의 메시지를 주고받는다. 무의식이라고 표현하는 것이 더 정확할 것이다. 사랑하면 할수록, 관심을 가지면 가질수록 더 그렇게 된다. 언어 이전에 소통이 안 되면 말을 하게 되어도 깊이 있는 대화는 하기 힘들다. 언어는 감정의 표현 그 이상도 이하도 아니기 때문이다. 따라서 말을 못하니 무슨 뜻인지 모르겠다고 치부하면 안 되고, 아이가 어릴 때부터 언어 이전의 메시지 읽는 연습을 해야 한다. 그것을 위니콧은 '모성 본능'이라고 하였고, 코헛은 '공감'이라고 하였다.

모든 것이 그렇듯이 오르막길과 내리막길이 있다. 발달과정도 마찬가지이다. 등산처럼 정상까지 올라가면 또 반드시 내리막길이 있다. 3세경까지 자아가 팽창하다가 남근기를 정점으로 한풀 꺾이는 시기가 있다. 그리고 꺾이면서 정돈이 되는 시기도 있다. 이때를 '자아가 공고화(ego crystallization)되는 시기'라고 한다.

유아기 발달에서 대체로 정점에 이르는 시기까지는 엄격한 훈육을 피하는 것이 좋다. 그 이유는 뒤에서 자세히 다루겠지만, 아이에게는 훈육이 불안, 특히 두려움을 동반하는 불안으로 자리 잡기 때문이다. 따라서 말귀를 알아듣는 3세경이 될 때까지는 가급적 훈육을 미루는 것이 좋다. 더욱이 2세경에 아이들이 피우는 고집이나 공격성은 본능에서 올라오는 것이거나 몸을 아직 마음대로 가누지 못하는 데서 오는 경우가 많다. 누구에게 화가 나서, 누구를 해치기 위해서가 아니라 자기 안의 불협화음 때문에 나오는 것이다. 이럴 때 엄한 훈육으로 다스리면 아이는 외부세계를 두려움으로 지각하게 된다.

훈육 시기에 대해서는 이견이 많지만, 심리발달이나 대뇌발달로 가늠해보면, 대략 3세경이 된다. 특히 남아는 대뇌발달이 더디기 때문에 통제하는 능력이 여아보다 더 떨어진다는 연구보고를 참고한다면, 남아는 더 늦춰져야 할 수도 있다.

누구나 젊은 시절에는 나르시시즘을 안고 산다. 세상을 내 것으로 가져보고 싶다는 욕심을 갖게 된다. 전문가라면 내가 하는 분야에서 최고가되고 싶고, 엄마라면 내 아이를 남들이 부러워하는 최고로 키우고 싶어 한다. 하지만 욕심을 이루어도 행복감이 커지지는 않는다든가, 막상 이루고보니 이제 그 가치가 그렇게 귀하지 않게 느껴진다든가 하는 이유로 스스로나 인간관계 속에서 얼마나 고통스러운지를 깨닫게 되면, 그 나르시시즘의 권좌에서 내려오고 싶어 한다. 그리고 스스로나 가족을 위해서, 나보다못한 이웃을 위해서 무언가 하는 것이 더 가치 있는 일이라고 여기게 된다.

아마도 그것이 철이 드는 과정일 것이다. 혹은 나이 들어가는 모습일 수도 있다. 겪어보기 전에는 알지 못하게 되는 것들이다.

엄마가 되어가는 과정도 마찬가지가 아닌가 싶다. 갓난아이가 입술만 붙였다 떼어도 '엄마' 소리를 할 줄 안다고 경이로워하고, 그러한 내 아이를 최고로 키우고 싶고, 부모의 자랑거리가 되어주었으면 싶은 것이 모든 부모들의 소망일 것이다. 이러한 나르시시즘이 없다면 어떻게 그 힘든 부모라는 여정을 감히 밟아가려 하겠는가.

육아를 견디게 하는 적절한 부모로서의 나르시시즘을 가지면서도 내 아이를 공허한 아이로 만들지 않기 위해서는 꼭 지켜주어야 할 것이 있다. 아이가 잘했을 때, 진심으로 기뻐해주어야 한다. 남에게 자랑하려 하지 말고, 그 기쁨을 먼저 아이와 나누어야 한다. 충분히 행복하게 해주어야 한다.

칭찬하면 자만해질까봐 일부러 인색해야 한다고 생각된다면, 부모 스스로를 돌아보는 시간을 먼저 갖는 것이 필요하다.

공감 속에 성장하는 아이

: 하인즈 코헛

Heinz Kohut(1913-1981)

독일의 어느 도시 아늑한 집 안. 안락한 거실에서 아버지는 피아노를 치고 있고, 어머니는 남편의 반주에 맞추어 아리아를 부른다. 한쪽 소파에서는 미소를 머금은 외할머니가 어린아이를 안고 앉아 있다.

하인즈 코헛이 기억하고 있는 가족의 한 장면이다. 코헛의 아버지는 피아니스트로서 전문 연주가의 길을 걷고 있었으며, 어머니는 활달한 여성이었다. 서로 열렬히 사랑해서 결혼한 이들은 한때 행복한 나날을 보내기도 했으나, 그 그림은 오래가지 않았다. 코헛이 태어난 이듬해에 제1차 세계대전이 발발했고, 아버지가 전쟁에 참전하면서 코헛과 어머니는 외할머니 집에서 지냈다. 오이디푸스 콤플렉스가 형성되는 중요한 시기를 아버지의 부재 속에서 자라게 되고, 이것이 훗날 코헛으로 하여금 프로이트를 떠나 새로운 정신분석 이론인 자기심리학 self psychology을 탄생시키는 경험적 토대가 되었다고 말하는 사람도 있다. 아버지가 전쟁터에서 부상을 입었고, 이때 자신을 돌보아주던 간호사에게 잠깐 한눈을 팔게 되었는데, 이 사실에 분개한 어머니는 남편에 대한 애정을 거둬들이고 무늬만 부부로 살게 된다. 어린 시절 아버지가 없이 자랐다는 사실과 그 이후에도 아버지의 존재감이 없는 상황에서 자란 코헛은 오이디푸스적 갈등이 무엇을 의미하는지 잘 몰랐다. 아버지와 상호작용할 수 있는 기회를 어머니가 원천봉쇄했기 때문이다. 어머니로부터 도태되고, 집안에서 초라한 위치에 머물러 지내는 아버지를 코헛은 가슴 아프게 생각했다. 실제로 가까이 다가가지는 못했지만, 코헛은 아버지를 닮고 싶어 했다.

코헛의 어머니는 남편으로부터 거두어들인 애정을 외아들인 코헛에게 쏟았다. 외모, 공부, 예술, 무엇 하나 빠질 것 없는 아들에게 그녀는 모든 것을 '헌신'하였다. 코헛 또한 충실한 엄친아로 성장하였다. 고등학교를 졸업하고 비엔나 의과대학에 들어갔다. 대학에 간 후에는 의과대학 공부보다 과외 일에 더 많은 시간을 보냈지만, 여자에겐 관심을 두지 않았다. 어머니로부터 철저히 외면당한 아버지의 전철을 밟고 싶지 않았는지도 모르지만, 늦은 나이에 결혼할 때까지 거의 이성을 사귀지 않았다. 음악과 문학에 심취했으며, 항상 절친한 동성 친구들을 곁에 두고 지냈다.

코헛이 24세 되던 해에 아버지가 사망했다. 제2차 세계대전으로 유태인에 대한 탄압이 심해지면서, 미국으로 건너가 시카고에 정착해 어머니를 모시고 왔다. 수련을 마치고 촉망받는 정신과의사가 되었던 40세가 지나면서 코헛은 정신분석가의 길로 들어서게 되었다. 직업적인 성공을 거두었음에도 해결되지 않는 심리적 공허감, 도저히 끊어지지 않는 어머니와의 관계를 해결하기 위해서였다.

정신분석가가 된 코헛은 오랫동안 프로이트 이론에 충실하였다. 하지만 프로이트 이론만으로는 자신의 우울감이나 공허감을 설명하는 데 한계가 있다고 생각하였다. 아버지와의 갈등이 원천봉쇄된 삶을 살았던 그는, 어머니가 얼마나 자신의 삶을 통제하고 왜곡시켰는지를 깨달은 이후, 어머니로부터 벗어나기 위해 몸부림치는 여생을 살았다.

코헛이 프로이트 학파를 떠나서 새로운 이론 즉, 자기심리학을 창시하게 된 배경에는 이처럼 어머니의 관계에서 받은 영향이 절대적이라고 할 수 있다. 코헛은 자기심리학에서 정신병리, 특히 자기애적 성격의 원인을 '어머니의 잘못된 양육'으로 보았으며, 특히 어머니가 아이에게 공감해주지 못하는 것을 가장 중요한 원인으로 보았다. 코헛의 어머니 역시 표면적으로는 매우 헌신적인 엄마였지만, 그런 어머니의 헌신에는 '엄마가 원하는 아들'이 되어야 한다는 전제조건이 따라다녔다. 조건을 채우지 못할 때의 가혹함은 이미 어머니가 아버지를 대하는 태도에서 경험했기에, 코헛은 항상 어머니의 표적이 되지 않도록 노력해야만 했다.

어머니와의 질식할 것 같은 관계 속에서 지낸 청소년기, 이미 어머니로부터 거세되어버린 아버지와 오이디푸스적인 경쟁을 할 기회조차 없었던 코헛의 삶을 보면 그가 왜 프로이트의 오이디푸스 콤플렉스 이론을 버릴 수밖에 없었는지 짐작케 한다.

　나르시시즘의 문제를 안고 있는 성격장애 환자들에게 끊임없이 공감해주어야 한다는 그의 주장은 당시 엄청난 비난을 받았다. 자신이 얼마나 사회적으로 명성 있고 인정받는 사람인지를 나열하는 환자들에게 기존의 치료법은 효과가 없었다. 대부분의 환자들은 치료자를 비난하며 떠나갔고, 치료자는 그들을 정신분석치료가 어려운 환자로 분류하였다.

　1970, 80년대에 정신분석의 역사적 사실은 '부모교육'이나 '훈육'의 문제를 재고해볼 여지를 준다. 코헛은 자신의 방법으로 나르시시즘의 문제를 가진 사람들을 분석, 치료하는 데 성공함으로써 정신분석 치료의 영역을 넓히는 데 기여했을 뿐 아니라, 당시 시작되었던 핵가족화와 이에 따른 문제들을 이해하는 데 많은 도움을 주었다.

　죽기 사흘 전, 학회의 한 마지막 연설에서 코헛은 나르시시즘을 지나 깊은 우울증에 빠진 환자에 대한 사례를 이야기했다.

　말조차 할 수 없고, 연결할 아무런 끈조차 없는 환자에게 코헛은 두 개의 손가락을 빌려주었다. 두 개의 손가락을 통해서 전해오는 환자의 느낌은, 무게감이라고는 전혀 없는 '먼지' 같았다. '마치 빈 젖꼭지를 빨고 있는 아이와 같은' 느낌이었다.

　"언어 이전의 상태로 퇴행해서 아무것도 할 수 없는 이 환자에게, 제가 빌려준 두 개의 손가락은 누군가와 연결할 수 있는 지푸라기 같은 역할을 했다고 생각합니다."

　이것이 코헛이 말한 '공감'이었다.

　코헛은 당시로서는 매우 늦은 나이인 36세에 어느 누가 보아도 질투심을 일으킬 것 같지 않은 수수한 외모의 아내와 결혼하였다. 결혼한 이후에 아내를 더 사랑했고, 하나밖에 없는 아들에게는 자신이 원하고 이상화했던 아버지의 이미지를 아낌없이 주려고 노력했다. 행복한 가정과 학자로서의 탁월한 업적을 이루었음에도 불구하고 코헛이 버리지 않은 습관이 있었다. 일을 마치고 집에 오면 어느 누구의 방해도 받지 않고, 두어 시간씩 음악을 듣는 것이었다. 어머니에게 받지 못한 '공감'을 채우기 위한 것이었는지, 음악가로서의 길을 가지 못한 아버지에 대한 그리움인지는 알 수 없지만.

환상 속에 사는 아이들

유아들은 마음을 둘로 나눈다. 좋은 것과 나쁜 것.
감당할 수 없는 나쁜 마음은 밖으로 투사한다.
엄마는 아이가 투사한 나쁜 마음을 담아주어야 한다.
엄마가 그것을 소화시키지 못하고 다시 유아에게 되돌아올 때,
유아는 커다란 불안을 경험하게 된다.

– 멜라니 클라인 –

최초의 아동 정신분석가. 최초로 놀이를 치료에 도입한 사람. 최초로 대상관계, 엄마와 유아의 관계를 언급하여 정신분석학계에서 새로운 이론의 장을 연 카리스마 넘치는 여성 분석가. 바로 멜라니 클라인이다. 앞에서 언급했던 위니콧이나 오늘날 애착 이론으로 유명한 보울비 등 유명한 대상관계 이론가들이 모두 그녀를 거쳐갔을 만큼 그녀가 끼친 이론적 영향력은 막강하다.

엄마와 아이의 관계 속에서 아이의 마음이 어떻게 발달되어가는지 가장 먼저 이야기한 사람이 바로 멜라니 클라인이다. 오늘날에는 당연히 받아들이고 있지만, '놀이'를 통해서 아이의 마음을 읽을 수 있고, 치료할 수 있다고 말한 최초의 사람도 바로 멜라니 클라인이다. 놀이를 통해 어린아이들을 분석하면서 아이들의 세계에 대해서, 그리고 그러한 아이들의 마음의 형성과 발달과정에 대해서 많은 영감을 제시하였다.

클라인은 본인이 세 아이를 키우면서 느꼈던 것들과 자신이 겪어온 정신세계를 토대로 영유아의 정신세계를 환상적으로 그려나갔다. 특히 유아들이 겪게 되는 무의식적 두려움과 공격성, 그리고 이것이 어떻게 자아 발달에 영향을 미치는지에 대해 깊은 통찰을 주었다.

　멜라니 클라인은 아이들은 아주 어린 시절부터 자신의 감정 상태를 이야기로 만드는 경향이 있다고 하였다. 그 시작은 자신의 신체 상태를 이야기로 만들어내는 것부터이다. 예컨대 탈이 나서 배가 아프면 '악당이 배 속에서 나를 괴롭히고 있다'고 상상한다는 것이다. 재미있는 것은 아이들의 이야기 속에 항상 '누군가(대상)'가 존재한다는 점이다. 배가 불러 편안한 상태가 되면 내 안에 '천사(좋은 대상)'가 있다고 상상하고, 배가 고파 속이 쓰리면 '악마(나쁜 대상)'가 나를 못살게 군다고 상상한다는 것이다. 이처럼 모든 것을 '의인화'하는 과정이 매우 어린 시절부터 시작된다고 하였다.

우리 집 막내가 어릴 때 쓰던 것 중에 아직도 잘 간직하고 있는 것이 있다. 손안에 쏙 들어가는 작은 로봇 인형이다. 그것을 양손에 하나씩 들고 무언가 얘기를 하면서 놀았다. 무엇이냐고 물으면, 하나는 '악당'이고 하나는 그것을 물리치는 '정의의 용사'라고 대답했다. 한 손은 열심히 도망가고 다른 한 손은 열심히 쫓아가고, 소파를 뒹굴면서 양팔을 허공에 휘저으며 놀았다.

아이들은 자신의 감정을 의인화해서 놀이로 표현한다. 어린아이들이 노는 이야기의 주제는 대체로 '선'과 '악'이다. 천사가 악마에게 괴롭힘을 당하는 것부터 시작해서 좀 더 힘이 생기면, 정의의 사도가 악당을 물리치는 이야기로 끝난다. '악마'란 내가 통제할 수 없는 힘으로부터 위협을 당할지 모른다는 두려움을 반영하는 것이며, '정의의 사도'란 그래도 내가 무언가에 대적하고 싶다는 공격성을 표현한 것이다.

아이들의 마음은 이렇게 둘로 나뉘어져 있다. 좋은 것과 나쁜 것, 선한 것과 악한 것. 이것이 차츰 발달하면서 희로애락이 되어간다. 그리고 그 희로애락은 감정의 종합비타민이 된다.

달면 삼키고 쓰면 뱉는다

•

아이들이 자신의 감정을 좋은 것과 나쁜 것으로 양분해놓는 이유가 있다. 간단하다. 좋은 감정 상태는 내 것으로 갖고 있기 편한 반면, 나쁜 감정 상태는 감당하기 어렵기 때문이다. 무엇보다도 신체적 균형 상태를 깨트리는 상황을 견디기가 어렵다. 이를테면 배가 고프거나, 추운 것, 기저귀가 젖어있는 등의 찜찜함이 신체적 불균형 상태를 일으키고, 이것이 불쾌한 감정을 유발한다. 유아는 이런 것들을 감당할 수도 해결할 수도 없다. 할 수 있는 것은 이렇게 형성된 내 안의 나쁜 감정을 밖으로 내쫓아버린다. 즉, '내 안의 나쁜 누군가를 몰아내야 한다'고 느낀다는 것이다. '우는 행위', 이것은 바로 자신의 기분 나쁜 신체 혹은 감정 상태를 밖으로 축출하는 과정이라고 볼 수 있다.

배가 고파질 때, 유아는 '나쁜 악당이 나를 괴롭힌다'고 생각한다. 누군가가 젖을 먹여주어 배가 부르고, 기분이 다시 좋아지면 '내 안에 좋은 누군가가 있구나' 이렇게 이야기를 다시 만들어내게 되는 것이다. 반면 배고파 울 때나 누군가가 내 엉덩이를 찰싹 때리면 '어, 더 무서운 악당이 나를 괴롭히네' 이렇게 이야기가 수정된다.

무서워진 아이가 더 크게 울고 더 세게 얻어맞으면, 이야기 속의 악당은 차츰 도저히 대적할 수 없는 무서운 악마로 변하게 된다. 불안, 공포라는 감정이 아이의 마음속에 채색되기 시작한다. 단순히 출발한 신체적 불편감이 불안, 공포 등으로 채색되어가는 과정이다. 불안이란 좋지 않은 무엇이 일어날지도 모른다는 신호이며, 공포는 어떻게 해도 내가 도저히 감당할 수 없는 상황이라는 의미이다. 이러한 불안을 클라인은 '박해불안 (persecutory anxiety)'이라고 하였다. 훗날, 분리불안 등으로 발달해가는 시작이 될 수 있다.

이처럼 단순한 배고픔에서 시작된 아이의 이야기는 때로 수유를 통해 다시 기분 좋은 누군가와 같이 있는 느낌으로 흘러가기도 하고, 때로는 울고 엉덩이를 몇 번 맞는 과정을 통해서 무서운 악마가 나오는 내용으로 변하게 된다. 지극히 단순화시키기는 하였지만, 이것이 어린아이의 감정이 채색되는 과정이다. (실제 돌도 지나지 않은 갓난아이가 이러한 생각을 하는지는 확인할 수 없지만 적어도 3, 4세 아이들의 놀이 속에서는 충분히 관찰되는 내용이다.)

그리고 이것이 '자아 형성'의 과정이며, 후에 자존감, 자신감 등으로 표현되는 것들의 원형이 된다.

엄마 때문이야!

..

'때문'이는 모처럼 엄마와 쇼핑 가려고 집을 나섰다. 갖고 싶은 장난감이 다 있는 그곳에 간다는 생각에 때문이는 엄마가 옷 입혀줄 때부터 들떠 있다. 차에서 내려서 엄마 손을 뒤로하고 급한 마음에 뛰어가다가 넘어졌다. 무릎이 깨지고 피가 났다. 아프기도 하고, 피를 보니 겁도 나고, 속이 상한 때문이는 엄마에게 소리를 지른다.

"엄마 때문이야!"

아이들이 한동안 많이 쓰는 말이다. 배가 고파도 엄마 때문이고, 길 가다 넘어져도 엄마 때문이다. 혼자 가겠다고 손을 뿌리치고 걷다가 넘어져도 엄마 때문이다. 클라인은 모든 아이들이 거쳐가는 지극히 정상적인 발달과정이라고 하였다.

'좋은 건 내 거, 나쁜 건 엄마 거' 이렇게 아이들은 감당할 수 없는 나쁜 감정을 만만한 엄마를 탓하며 내보내게 된다. 엄마가 미워서가 아니라, 아이 스스로 감당할 수 없기 때문이다. 나를 보살펴주는 대상이기 때문에 내가 감당할 수 없는 감정을 배설하는 것뿐이다.

엄마는 아이의 언짢은 감정을 담아내는, 좋게 말하면 '세숫대야', 솔직히 말하면 '쓰레기통'이 될 수밖에 없다. 이러한 과정을 위니콧은 '수용해주기 (holding)'라는 말로 표현하였고, 비온은 '담아주기(container)'라고 명명하였다.

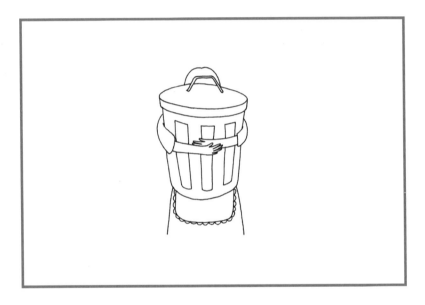

영유아들의 마음속엔 자기의 상태만 좋은 것, 나쁜 것으로 나뉘는 것이 아니다. 클라인은 아이의 마음속에 엄마도 둘이 존재한다고 하였다. 즉, 좋은 엄마와 나쁜 엄마. 처음에는 제 편의대로 나뉜다. 제 배부르면 좋은 엄마, 배가 고파지면 나쁜 엄마. 제 기분이 좋을 때는 좋은 엄마, 어쩐지 마음이 꿀꿀하면 나쁜 엄마. 순전히 제멋대로이다. 이렇게 양분된 두 엄마를 가지고 자기 기분에 따라 좋은 엄마와 나쁜 엄마의 이야기들을 만들어낸다. 출발은 이렇게 시작된다.

아이의 인지기능이 발달하면서 외부를 인식하게 되고, 누군가가 나를 돌보아준다는 것을 알게 되면, 환상에서 시작된 아이들의 '이야기 만들기'도 좀 더 구체적이고 현실적이 되어간다. 배고플 때 젖을 주는 것이 엄마라는 것을 알게 되고 '그 엄마'를 좋아하게 된다. 잠잘 때 옆에 있어주는 존재가 엄마라는 것을 알고 '그 엄마'를 좋아하게 된다. 어린아이들이 엄마를 둘로 나누어 지니게 되는 이유도 간단하다. 좋은 엄마를 보호하고 싶기 때문이다. 조그만 상처에도 휘둘리고, 나쁜 감정을 견딜 수 없어 그것은 내 것이 아니라고 방어하고 싶기 때문이다.

성숙으로 가는 길

...

어린아이들이 마음을 둘로 나누어 갖고 있다는 것은 매우 중요한 의미를 지닌다. 기분 나쁜 감정을 감당할 수 없기 때문에 마음의 방에 칸막이를 나누어 따로 둔다. 좋은 감정도 보호하기 위해, 감당할 수 없는 나쁜 감정을 밖으로 내보내게 된다. 대부분 그 감정의 배설물을 내놓는 곳은 엄마이다.

아이들이 세상을 향해 걸어다닐 수 있게 되면서, 두 개의 마음을 하나로 통합해야 하는 숙제를 안게 된다. 그러면 이제 결산을 해야 한다. 간단하다. 덧셈, 뺄셈이다. 좋은 경험(엄마)은 동그라미, 나쁜 경험(엄마)은 가위표 개수로 놓고 셈을 하면 된다. 그렇게 셈을 하고도 동그라미가 더 많아야 '괜찮은 나, 괜찮은 엄마'의 이미지를 가지고 아이는 다시 시작할 수 있다. 그렇지 않으면, 영원히 마음속에 두 마음을 지니고 살아야 하거나, 아니면 계산대로 '나쁜 대상'과 대적하면서 살아야 한다.

'정의의 사도'가 '악당'을 물리치는 놀이는 이러한 마음을 반영하는 것이라고 할 수 있다. 아이 스스로 감정을 정화하려는 노력일 수 있다.

아이의 두 마음!

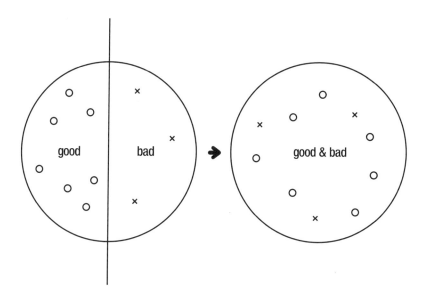

마음의 여과기

••••

합산하는 과정에서 플러스가 되는 과정, '괜찮은 경험'을 하는 과정은 엄마의 역할에 달려있다. 엄마의 존재는 감정을 배설물을 받아내는 역할뿐 아니라 '감정의 여과기' 역할을 해야 한다. 나쁜 감정의 찌꺼기를 받아서 맑은 감정으로 정화시켜 다시 되돌려두어야 한다는 것이다.

엄마가 여과기 역할을 하지 못하고, 탁구 라켓이 되면 어떨까. 간단하다. 심리적 핑퐁 게임을 하게 될 것이다. 아이가 내보낸 감정의 공을 엄마가 자꾸 떠넘기면, 그 과정에서 아이의 불편함은 불안함으로, 불안함은 다시 공포로 커지게 될 것이다. 아이들이 혼자서 잠을 자지 못하는 것, 유치원이나 학교 가기를 두려워하는 것, 이러한 불안의 시작은 배고픔과 같은 작은 불쾌감에서부터 시작될 수도 있다. 물론 그것이 신체적 불편감이든, 본능적인 공격성이든 그 원인이 아이들에게 있을 수도 있다. 하지만 스스로 정화할 능력이 없다는 점에서 그 결과는 결국 부모가 떠안을 수밖에 없다.

한 변과 다른 변의 각도가 얼마이든, 그 꼭짓점의 시작은 우리의 손가락 안에 짚어진다. 하지만 각도의 길이가 멀어질수록 양팔을 뻗어도 닿을 수가 없다. 청소년과 부모들을 상담할 때 내가 가끔 느끼는 안타까운 이

마음의 여과과정 ─ 엄마와 아이 사이

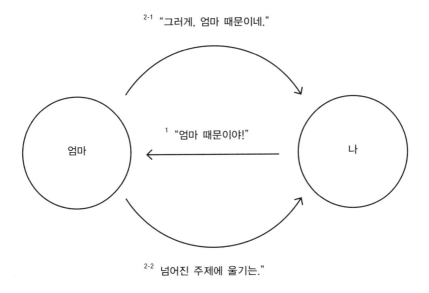

2-1 "그러게, 엄마 때문이네."

1 "엄마 때문이야!"

엄마

나

2-2 넘어진 주제에 울기는."

미지이다. 부모 자식이 원수가 되어 상담치료가 개입하기조차 어려운 그 갈등은 정말 사소한 신체적 불편함에서 출발할 수 있다. 그렇게 사소함에도 불구하고 영유아기가 아이의 '감정의 회로'가 만들어지는 시기이기 때문에 중요한 것이다. 이것을 통해서 아이의 희로애락의 길들이 만들어지기 때문이다. 슬픔의 길이 많이 만들어진 아이들은 웬만한 일로 행복감을 느끼지 못하는 사람으로 성장할 것이다. 만족감을 많이 경험하지 못하고 자란 아이는 작은 좌절에도 쉽게 회복하지 못하는, 탄력성 없는 사람으로 성장할 것이다. '긍정의 심리학', 요즈음 한창 유행하는 말이다. 붙잡고 싶은 희망적인 말이기는 하지만, 이러한 '감정의 길'은 영유아기에 거의 다 만들어진다. 절망하는 젊은이들에게 희망의 메시지로 주어도, 이미 성인이 되어버린 후에 아무리 배워도, 알아도 체득하기 쉽지 않은 이유이기도 하다. 깊은 역동이 이해되지 않는 이러한 '유행어'는 유행처럼 또 사라지게 될 것이다.

이러한 과정은 훗날 아이들의 초자아 즉, 도덕관념을 형성하는 과정에도 깊이 관여한다는 점에서 중요하다. 아이의 마음속에 관대한 초자아가 형성되는가, 엄격한 초자아가 형성되는가도 이 시기의 경험과 맞물려있다. 즉, 아이가 인자한 할아버지를 마음에 품고 살아가는지, 아니면 가혹한 고문관을 마음속에 품고 살아가게 되는지 그 시작이 여기에서 비롯된다. 너무 가혹한 초자아가 자리 잡으면 그 부분은 성장하기 어렵다. 표면적으로는 '철이 일찍 든 것'처럼 보이지만, 내면은 선을 넘지 못하고 두려워하는 아이일 수 있다. 더 곤란한 것은 아예 도덕성이 없는 아이로 성장하는 것이다. 핑퐁게임이 극에 달하면 아이는 두려움을 감당할 수 없게 된다. 내가 감당할 수 없는 불안을 엄마한테 보냈는데, 거기에 엄마의 불안까지 얹어서 돌아오면 아이는 감당할 수 없는 감정의 문을 닫아버리는 것이다. 반성할 줄 모르고, 죄책감도 느끼려 하지 않는다. 눈앞에서는 잘못했다 하고 돌아서면 제멋대로 해버린다.

빗장을 잠그면 문을 잠가버린 부분은 나이를 먹어도 성장하지 못한다. 이것이 바로 '성인 아이', '성인 속의 내면 아이' 등으로 불리게 되는 원인이다.

착한 아이와 나쁜 아이는
심리적 샴쌍둥이

• • • • •

아이가 견디기 힘든 감정을 감당해주는 여과기가 없을 때, 아이의 마음은 통합되지 못하고 한쪽만 가지고 살아간다. 동그라미만 가지고 살거나, 가위표만 가지고 살거나. 순둥이가 되든가, 제 고집대로 하든가. 착한 아이로 살거나, 망나니 같은 아이가 되거나. 이렇게 행동이 전혀 다른 이들에게 공통점이 있다. '결핍' 즉, 감정의 여과기가 없었다는 공통된 주제를 가지고 있다.

부모 입장에서는 착한 아이가 키우기 쉽고, 또 잘 키웠다 생각할 수 있지만, 꼭 장담할 수는 없다. 가끔은 이렇게 한쪽만 가지고 살다가 청소년기에 뒤집어지면서 상담실을 찾는 경우가 적지 않기 때문이다. 부모 입장에서는 청천벽력이겠지만 자녀의 입장에서는 '자기'를 찾겠다는 몸부림이기 때문에 사실 반가워해야 할 일이다. 부모가 이것을 수용하거나 감당하지 못할 때, 부모가 문제 행동으로만 보고 다시 꽁꽁 묶으려 할 때 갈등이 생긴다. 판도라 상자, 특히 사춘기에 열린 상자는 다시 주워 담을 수 없다. 김밥 옆구리 메우듯 그렇게 땜질할 수가 없다.

착한 아이, 나쁜 아이는 서로 공통된 부분을 갖고 있기 때문에 가끔 짝을 이루게 된다. 서로 깊은 우정을 나누는 친구가 되기도 하고, 연인이 되기도 한다. 착한 여성이 나쁜 남자에게 매료되는 것은 숨어있는 반쪽 마음에서 큐피드의 화살이 날아가는 경우이다. 그렇게 결혼하는 부부도 적지 않다. 그리고 그 숨어있던 나머지 반쪽은 자녀들에게 투사되는 경우가 많다.

'반항이'는 초등학교 5학년 남자아이다. 아버지에게 대들고 학교에서도 자기 맘에 들지 않는 것이 있으면 가방을 싸서 집에 와버린다. 세상에 무서울 것이 없다고 부모는 말한다. 아버지는 아이의 버릇을 잡겠다며 어려서부터 엄하게 키웠는데 자라면서 점점 통제가 되지 않는다. 학교 가지 않은 일로 아버지가 꾸지람을 하자 대들었고 이 둘을 감당하지 못한 엄마가 심리치료에 데리고 왔다. 아빠는 '썩은 싹'은 일찍 잘라버려야 한다고 벼르고 있었고, 아이는 그런 아빠를 폭군이라고 표현했다. 그나마 엄마는 유일한 아이 편이라고 했다. 면담과정에서 엄마는 여러 군데 치료를 다녀봤는데, 별 소용이 없었다면서 아들을 도와달라고 눈물로 호소했다. 누가 봐도 순하고 착한 엄마였다.

아버지나 학교 선생님이 보고하는 아이의 공격적인 행동과는 달리 심리검사 결과에서는 두려움과 불안이 더 많이 드러나고 있었다. 특히, 문장완성 검사에서 '아버지가 들어오는 소리가 들리면' 이라는 문제 뒤에 '나는 호주머니에 칼이 있는지 확인한다.'고 적혀있었다. 이유를 묻자 실제로 아버지가 자신에게 칼을 들이댄 적이 있다고 하였다. 그때의 심정을 묻자, 아버지가 나를 죽일지도 모른다고 생각했다고 했고, 지금도 그 생각에는 변함이 없다고 했다. 그때 엄마는 어디 계셨느냐고 물으니 동생 방에서 같이 울고 계셨다고 했다.

이런 경우에는 아이의 문제행동이나 공격성에 치료의 초점을 맞추는 것이 아무런 의미가 없다. 부모교육도 별 도움이 되지 않는다. 먼저 가족의 역동을 이해하고, 가족치료와 아버지의 개인치료가 같이 병행되어야 한다. 누가 보아도 아버지가 문제의 원인을 제공하고 있다는 것은 쉽게 이해할 수 있지만, 여기에 엄마가 감정의 샴쌍둥이로 역할분담을 하고 있다는 사실을 이해하는 것이 더 중요하다. 그 가족에서 살아남으려면 엄마나 여동생처럼 순둥이가 되어야 하는데, 이미 반항이는 기질적으로 그렇지 못하고, 아버지의 분노의 타깃에서 벗어날 수가 없다. 반항이의 부모는 감정이 좋은 것과 나쁜 것으로 분리된 채, 통합되지 못했다. 그리고 이들 부부는 반쪽을 가지고 역할분담을 하는 미성숙한 역동을 가지고 살아가고 있을 가능성이 높다. 엄마의 '착한' 반쪽으로는 남편을 진정시킬 능력도 아들의 방패막이가 되어줄 능력도 없다. 이 구조에서 반항이가 성숙하게 자라지 못할 것이라는 게 너무나 자명하다. 무엇보다 엄마에겐 그럴 역량이 없다. 엄마의 '착함'은 '미성숙'으로 이해하는 것이 더 설득력 있다. 이것이 가족치료를 해야 하는 이유이다.

공격적인 아이들

••••••

아이의 공격성을 어떻게 다루어줄 것인가

아이를 잘 키우려면 '많이 사랑하라'고 말한다. 많이 예뻐해주고 사랑도 많이 주기만 해서 아이가 잘 자랄 수 있다면 자녀 양육이 그렇게 어렵지는 않을 것이다. 꼬리치며 주인의 품을 파고드는 애완견 같으면 문제가 없을 것이다. 하지만 아이는 적어도 첫돌이 지나면 이러한 애완견 수준을 벗어나기 시작한다. 실제로 아이를 잘 키우는 것은 오히려 사랑보다 공격성을 잘 다루어주는 데에 있다. 그리고 제삼자보다 부모 입장에서는 이것을 다루고 인내하기가 훨씬 더 어렵다.

공격성은 이미 앞서 말한 바 있다. 이것을 좀 더 정리하기 위해서 먼저 짚고 가야 할 것이 있다. '착하다', '순하다', '고집이 세다', 여기에 나는 가끔 '거짓말을 잘한다'는 말도 포함을 하는데, 이 말들이 갖는 공통점이 있다. 모두 부모의 시각에서 바라본다는 것, 즉 아이의 행동을 부모의 관점에서 해석하고 있다는 것이다. 아이의 모든 행동에는 중요한 메시지가 있다. 아이가 부모에게 보내는 중요한 감정이 담겨있다. 뿐만 아니라 아이의 행동에는 부모가 자신에게 무엇을 원하는지 이해한 메시지의 결과일 때도 있다.

공격성으로 다시 가보자. 공격성에도 여러 종류가 있다. 아이가 공격성을 보일 때, 부모가 아이의 눈을 정면으로 응시하고 맞대응해야 하는 공격성이 있는가 하면 공격성 뒤에 있는 아이의 두려움을 보듬어야 하는 것이 있다. '사자'가 '갈기'를 세우고 상대방을 포획하고 싶어 하는 공격성이 있는가 하면 나이 어린 학도병이 전쟁터에 끌려가서 적의 포탄이 무서워 눈을 감고 총을 난사하는 공격성도 있다.

위의 반항이 사례는 후자에 속한다. 아버지가 나를 해칠지도 모른다는 생명의 위협으로부터 자신을 보호하기 위한 공격성이다. 이 경우 공격성처럼 보이는 아이의 문제행동에 초점을 맞추면 안 된다. 아이의 두려움을 이해해주는 것이 순서이다. 두려움으로부터 자신을 보호하기 위해서 공격적인 행동을 보이기 때문이다. 그 두려운 상황에 대응할 수 있도록 도와주는 것이 그 다음 순서이다. 여기까지 하면 아이의 공격성은 이미 상당히 줄어든다.

아이들이 공격성을 보이는 데에는 여러 가지 이유가 있다. 프로이트는 사랑과 더불어서 공격성을 '타고난 본능'이라고 하였다. 위니콧은 타고난 공격성을 '무례함'이라고 표현했다. 아빠와 놀다가 흥분한 나머지 아빠의 뺨을 때리는 것, 이유 없이 어른들을 꼬집는 것의 시작은 그저 '무례함'일 수 있다. 나머지 상당 부분은 욕구 좌절의 결과로 생기는 것이라고 하였다. 배가 고플 때 짜증을 내는 것, 동생을 때리는 것 등이 이에 속한다.

연령과 시기에 따른 공격성을 다음과 같이 구분해 보았다.

1-2세 아이들의 공격성

생후 초기에 갖는 공격성과 관련하여, 클라인은 공격성과 두려움을 하나의 순환 고리로 설명하고 있다. 유아의 공격성은 타고난 본능에서부터 시작한다. 유아 자신의 공격성에 자신이 놀라고, 발로 걷어차서 밖으로 내보내려 하고('엄마 때문이야'라고 말하면서), 그것을 누군가가 걸러서 순화시켜주지 못하면 누군가가 나를 해칠지도 모른다는 두려움이 된다고 설명한다. 다시 말해 공격성은 본능에서 시작해서, 외부로 한 바퀴 돌아 두려움으로 되돌아오는 순환 고리를 갖게 된다.

예를 들어보자. 아기가 운다. 그냥 짜증이 나서 운다. 기저귀가 젖었는지도 모르겠다. 배가 고픈지도 모른다. 아기가 느끼는 것은 그저 배가 이상하고 배 속에 무엇이 있는 것 같고 짜증나서 운다. 우는 행위는 그 불쾌감을 밖으로 내보내고자 함이요, 그 소리를 듣고 누군가가 나를 도와주었으면 하는 요청이다. 이때 누군가가 안아서 달래주거나, 기저귀를 갈아주거나 여하튼 어찌해서 다시 편안해지면 유아는 편안한 상태로 되돌아온다. 반대로 아무리 울어도 달래주는 사람이 없으면, 내 울음에 내가 더 놀라고, 가뜩이나 작은 체구에 혈당까지 떨어지면 어지럽고 무서운 공포감이 엄습해온다. 이 상황을 아이는 이야기로 만든다는 것이다. 누군가 나를 해칠지 모른다. 거기에 엉덩이까지 한 대 맞고, 화난 목소리가 들려오면 아이의 환상은 더욱 강화될 수밖에 없다.

이것이 해결되지 않으면 성장하면서 차츰 본격적인 공격성을 보이게 되는데, 이 공격성의 역동은 두려움으로부터 자신을 보호하기 위한 것이 된다.

2-3세 아이들의 공격성

아이가 두세 살이 되면서 보이는 공격성은 좀 다르다. 아마도 위니콧이 말하는 '무례함'이 가장 적절한 표현이 될지 모르겠다. 생후 2년이면 공격성이 본격적으로 올라오는 시기이다. 입을 떼면서 배운 몇 가지 말을 적재적소에 써먹는다. '싫어', '아냐', '내 거야', '엄마 미워'…. 얄밉도록 제 필요한 말만 골라서 배우는 것 같다. 부모 입장에서는 말 안 듣는 아이, 순한 아이가 아닐 수 있지만, 모두 정상발달이다. 이 시기에 보이는 공격성은 자기주장(assertiveness)으로 가는 이정표의 시작이며 여기서부터 희로애락의 감정이 본격적으로 구체화된다.

'무례'는 놀다가 신이 나면 엄마를 마구 때린다. 무언가 하다가 잘 안 되면, 제 머리를 벽에 들이받으며 운다. 누군가가 미워서 하는 행동이 아니다. 신체운동기능이 마음대로 따라주지 않는 데서 오는 불협화음의 결과일 수 있다. 에너지가 많은 아이라면 더 심할 수 있다. 이것을 부모가 나쁜 버릇이라고 다그치기 시작하면 오히려 역동의 악순환으로 들어가게 된다.

'무례함'에서 나오는 행동들을 다루는 방법은 이것을 놀이로 순화시키는 것이다. 아빠를 총으로 빵 쏘면, '꼴깍' 죽어주어야 한다(물론, 다시 살아나야 한다). 엄마를 때리면 아프다고 울고 굴러야 한다. 진정으로 아프다고 해야 한다. 내가 무심코 하는 행동이 상대방을 아프게 할 수 있다는 것을 알게 해주면 된다. 그것을 말로 하기보다 놀이로 보여주는 것이 아이에게는 상처 덜 받으면서 이해하는 방법이다.

그것이 무엇이든 어린아이들이 막무가내로 떼쓰고 엄마 탓이라고 엄마도 써보지 않은 욕을 하게 되면, 어디까지 받아주고 어디서부터 버릇을 잡아주어야 하는지 그 기준을 잡기가 쉽지 않다. 뿐만 아니다. 아무리 부모라도 참기 어려운 때가 있다. 정말 성인이 참을 수 있는 한계를 넘어서는 것일 수도 있다. 다른 한편, 아이들의 행동은 부모들 마음의 창고 속에 깊이 묻어두었던 케케묵은 감정을 끄집어내기도 한다. 그런 경우에도 부모도 참기 어려워진다. 인내라는 말이 무색해지기도 한다.

3세 이후 아이들의 공격성

세 살 이후에 보이는 공격성은 좀 더 경쟁구조를 띤다. 누구보다 더 잘하고 싶고, 누구보다 더 사랑받고 싶고, 그것이 좌절되어 나타나는 것일 경우가 많다. 그래서 이때의 공격성은 우울감과 관련될 경우가 많다.

클라인의 이론을 정신병리 설명으로 잘 요리한 컨버그는 사랑학과 관련하여 '사랑에 빠지는 능력과 그 사랑을 유지하는 능력은 다르다'고 했다. 사랑에 빠지기는 그리 어렵지 않다. 큐피드의 화살은 한순간 날아가는 경우가 많고, 병적인 경우에도 날아간다. 아니 그럴수록 더 깊이 박히는 경향이 있다. 소설이나 영화의 주제처럼. 유지하는 것이 어려운 이유는 성숙을 전제로 하기 때문이다. 대체로 사랑을 유지하는 것이 어려운 이유 중의 하나는 사랑이라는 동전 뒤에 있는 공격성을 수용해야 하는 숙제를 안고 있기 때문이다. 마음 깊이 들어갈수록 사랑은 공격성과 맞닿아 있다. 그 부분을 수용하지 못하면 그 사랑도 유지하기 어렵다. 아니면 가피학적인 사랑을 하든가. 누구를 만나도 감정의 같은 지점에서 헤어지게 되는 경우가 있다면, 아마도 이 논리로 설명될 수 있을 것이다.

아이들을 상담실에 데리고 오는 경우에는 대부분 공격성과 충동성을 보이는 예가 많다. 그 두 가지가 쉽게 문제행동으로 두드러지기 때문이다. 심리치료 상황에서 공격성을 다룰 때는 두 가지를 항상 고려한다. 첫째는 위에서 설명한 공격성의 발달 수준이다. 어떤 공격성을 보이느냐에 따라 어느 시기부터 문제가 생겼는지를 가늠해볼 수 있기 때문이다. 둘째, 공격성 이면에 있는 감정을 들여다보는 것이다. 공격성과 함께 다른 감정들이 있는지를 찾아보아야 한다. 공격성이 두려움과 함께 있을 때, 두려움을 먼저 안아주어야 한다. 공격성이 우울감과 함께 있을 때 우울감을 먼저 이해해주어야 한다. 우울감을 견디기 어려워 공격성으로 나타날 수 있기 때문이다. 주요한 감정이 다루어지면 공격성은 자연히 없어지는 경우가 많다.

결론을 말한다면, 아이를 유연하고 창의적인 아이로 키우고 싶다면 공격성을 공격적으로 맞대응해서는 안 된다. 체벌을 한다든가, 어른 앞에서 무슨 말 대답이냐 권위를 세우거나, 내 말 듣지 않을 거면 내 집에서 나가라 한다든가, 용돈을 안 준다든가 하는 방법은 사실 아이 못지않게 치사한 방법이다.

희로애락은 골고루 발달해야 한다. 공격성은 없어서는 안 되는 필수 에너지 공급원이다. 공격성이 빠지면, 중대한 감정의 영양결핍으로 이어진다.

아이의 마음은 어떻게 만들어질까?

······

사랑의 마음을 전할 때 우리는 손으로 하트 모양을 그린다. 마음은 도대체 어떻게 생겼을까? 자아, 자존감, 자존심 등으로 말하는 우리의 마음이 어떻게 생겼는지는 나도 오랫동안 고민해온 주제였다.

내가 정신분석을 공부하고 마음에 대해서 나름대로 떠올린 이미지는 고깔모자를 뒤집어 세운 것, 그러니까 팽이나 고깔 등과 비슷한 모양이다.

나는 마음을 설명할 때마다 이 그림을 그려서 설명한다. 그림에서 보는 바와 같이 맨 위의 양끝은 사랑과 미움이다. 그리고 마음의 깊이에 따라 각 층이 있다. 맨 아래에서는 사랑과 미움이 만나게 된다. 밑으로 갈수록 나와 가까운 사람이 만나는 수준이다. 그래서 사랑하는 사람이 가장 미워지는 것은 이 때문이다. 맨 위에서는 일상적인 대인관계이다. 밑으로 좀 더 내려가면 가까운 사람, 그리고 친한 친구들이다. 대인관계에서는 사랑과 미움 간에 거리가 있기 때문에 한 사람을 대상으로 좋아하고 동시에 미워하는 경우는 드물다. 대체로 한사람은 좋아하는 쪽에 다른 사람은 미워하는 쪽에 둔다.

이를테면 미움은 상사에게, 사랑은 후배나 동료에게. 설령 좋아하던 동

마음의 단면

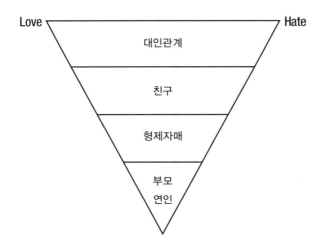

료가 싫어진다 해도 크게 문제될 것은 없다. 만나지 않으면 그만이다. 마음 깊이까지 들어가지는 않는다.

친한 친구들은 좀 더 깊은 수준에서 만난다. 다른 사람에게 말할 수 없는 고민들을 이야기하기도 하고, 나보다 다른 친구를 좋아하면 배신감을 느끼곤 한다. 그렇다고 미칠 지경까지 가지는 않는다.

사랑하게 되는 사람은 다르다. 못 견디게 보고 싶고, 나만 사랑했으면 좋겠고, 누군가를 더 좋아하게 되는 것 같으면 질투에 몸부림을 친다. 전화를 받지 않으면 받을 때까지 열 통이고 백 통이고 하고 싶어진다. 이것이 고깔의 가장 바닥에서 만나는 감정들이다. 가장 깊은 곳에 있는 원시적인 감정과 만난다. 사랑과 증오가 뭉뚱그려져 있는 곳이다.

사랑해서 떠난다든가, 내가 사랑하는 사람은 모두 죽는다든가, 그래서 떠나보내야 한다든가 하는 것들은 이러한 원시적인 감정을 영화스럽게 표현한 것에 불과하다. 사랑과 증오가 바닥에 엉겨있어서 사랑할수록 증오하는 마음도 커진다는 것을 알기 때문이다.

오토 컨버그가 '사랑에 빠지는 능력과 사랑을 유지하는 능력은 다르다'고 말한 것은 한편 '경계선 인격장애'를 설명하기 위한 부분도 있다. 팜므파탈적인 매력 때문에 영화나 드라마의 여주인공으로 자주 오르내리는 성격이기도 하다. 경계선 인격장애란 사랑과 증오가 분리되어 있으면서 서로가 서로를 마음에서 만나지 못하는 것이다. 감정의 기복이 심하고, 한 대상을 놓고 어느 때는 사랑하다가 어느 때는 죽이고 싶도록 미워하는 과정을 시도 때도 없이 반복하는 것이 주요 특징이다. 사랑을 갈구하고 그것을 표현하는데 주저하지 않기 때문에 매력적으로 보이지만, 그 사랑을 믿지 못하고 갈팡질팡한다. 신뢰감, 즉 '저 사람이 나를 사랑하는구나'라는 기본적인 믿음이 없기 때문이다. 이 경우, 큐피드의 화살이 날아갈 때부터 이미 잘못되었다. 내 앞에 서있는 그저 평범한 남자가 백마 탄 왕자로 보이기 시작한다. 독약을 먹고 잠들어 있는 내게 입맞춤을 해줄 수 있는 사람이라고 여긴다. 그렇게 사랑을 시작하고 '왜 백마 탄 왕자가 아니냐?'며 원망하고 화를 낸다. 그 환상에서 깨어나지 못한다. 나락으로 떨어질 것 같아 환상의 성에서 내려오지 못한다. 나락에 있을 때 만든 환상이었건만, 마치 그 사람 때문에 내 사랑, 내 인생이 망가진다고 생각한다.

Q는 능력 있는 전문직 여성이다. 남자친구와 항상 좋지 않게 끝나는 문제로 심리치료를 받고 싶다고 했다. 결혼해서 행복하게 살고 싶고, 그래서 남자친구가 생기면 온통 헌신을 하는데 결과적으로는 경찰이 개입할 정도의 폭행으로 끝이 난다. 남자친구는 사교적이고 친구들이 많았다. 저녁에 전화를 받지 않으면 안절부절 못하고 아무것도 할 수가 없었다. 어느 날 휴대전화에 다른 여자와 문자가 오고가는 것을 안 순간부터 의심을 하게 되었고, 직장의 여성 동료라는 것을 알게 되어도 의심은 줄어들지 않았다. 싸우고, 화해하고 그 과정에서 사랑을 확인하는 가학-피학적인 관계가 지속되다가 전치 몇 주의 폭행으로 치달아서 결국 사랑이 파행을 맞게 되었다. Q는 치료과정 내내 오랫동안 그 사랑을 그리워했다. 남자친구에 대한 증오와 사랑이 반복되었다. 어느 날은 헤어지길 잘했다고 했다가, 어느 날은 너무나 그리워서 그에게 갔다 왔다는 말도 했다.

어려서 할머니 슬하에서 자랐고, 부모님과 같이 살게 되면서 이유는 기억나지 않지만 많이 울었고, 아버지에게 많이 꾸중을 들었다고 했다. 방에 혼자 갇히기도 하고, 맞기도 했다. 돌이켜보면 당시 부모님 사업이 잘되지 않아서 나에게 스트레스를 풀었던 것 같다고 했다. 성장과정에서 사랑이 자리 잡아야 할 공간에 미움, 증오, '나를 사랑하지 않을 거야', '나보다 언니를 더 사랑해' 등의 생각이 들어와 앉게 되었다. 그래서 사랑하는 사람이 생기면, 눈치보고, 불안하고, 의심하게 된다. 본인도 모르게 그렇게 된다.

앞에서 어린아이들은 마음을 둘로 나눈다고 했고, 그것이 정상발달이라고 했다. 하지만 이것을 하나로 통합하는 과정이 필요하다고 했다. 그것이 통합되지 못하고 남아있게 될 때, 사랑을 믿지 못하게 된다. 고깔의 가장 밑바닥에 있는 마음이다. 사랑받고 사랑하고 싶은데, 사랑을 유지할 수가 없다. 사랑과 증오가 동전의 양면처럼 붙어있기 때문이다. 사랑을 느끼는 순간 날 떠나지 않을까 두렵게 된다. 사랑한다는 말을 들어도 잘 믿기지 않는다. 다른 사람을 더 사랑할 것 같은 불안에 항상 시달리게 된다.

이러한 환상과 불신은 어떻게 만들어진 것인가. 타고난 기질과 더불어, 클라인이 말하는 영유아 시절 엄마와의 튜닝 과정 실패 때문이라고 본다. 배가 고파 울어도 아무 반응이 없던 기억, 천둥치는 방에서 혼자 몇 시간씩 울었던 기억, 그릇을 떨어뜨려 깼다고 엉덩이를 맞던 기억, 엄마가 나를 사랑해주지 않나보다 싶어 방에서 혼자 울던 기억, 그런 미움과 억울함을 안고 있어도 엄마이기 때문에, 사랑할 수밖에 없기 때문에 아무 일 없다는 듯, 내가 먼저 다가가서 엄마에게 안겼던 기억…, 이런 것들이다. 마치 혼탁한 물을 그대로 두어 바닥에 가라앉은 침전물 같은 것. 남들은 윗물만 보지만, 내 마음에는 차곡차곡 가라앉아 있는 화, 분노, 억울함, 그리고 무참한 사랑의 찌꺼기들, 그런 것들이 환상과 불신을 만든다.

사랑과 미움의 변증법

: 멜라니 클라인

Melanie Klein(1882-1960)

멜라니 클라인은 1882년 오스트리아 빈의 귀족 집안에서 막내딸로 태어났다. 아버지 모리스 라이츠Moritz Reizes는 당시 치과의사였으며 40대 중반에 24세 연하인 리부사 도이치를 만나 결혼했다. 연년생으로 세 자녀를 낳고 3년쯤 후에 막내딸 멜라니 클라인을 낳았다. 귀족 가문의 막내딸로 떠올려지는 이미지와는 다르게, 부모의 사랑을 받지 못하고 자랐다. 막내딸을 사랑하기에 아버지는 너무나 지친 나이였고, 어머니 역시 아버지의 시원찮은 월급으로 인해 맞벌이를 했기 때문이다.

죽음을 논하지 않고는 그녀의 삶에 가까이 나아갈 수가 없다. 클라인은 프로이트가 말한 에너지 원천 중의 하나인 '죽음의 본능(타나토스)'이라는 이론을 자신의 이론 속에 편입시켰다. 훗날 안나 프로이트와 함께 누가 진정한 프로이트의 딸인가를 놓고 주도권 다툼을 벌일 때, 이 '죽음의 본능' 이론을 승계한 자신이야말로 프로이트의 진정한 딸이라고 우겼을 만큼 아꼈던 단어이기도 하다. 또한 자신의 삶 속에서 사랑하는 사람들의 죽음을 지켜보는 고통을 숱하게 겪어야 했다.

클라인의 삶에는 유달리 죽음이 많았다. 4세에 엄마 대신 자신을 돌보아주던 언니를 잃었고, 19세에 아버지를 여의었다. 무엇보다도 그녀의 영혼을 송두리째 앗아간 죽음은 애인이자 친구였던 오빠의 죽음이었으며, 훗날 산후 우울증과 함께 깊은 정신적 시름을 앓게 된 계기가 된다. 클라인이 사춘기적 감수성으로 끼적이던 낙서를 놓치지 않았던 오빠 엠마누엘은 그녀 안에서 잠자고 있던 문학적 재능을 이끌어준 예술가이자, 그녀의 언어를 이해해준 유일한 친구였다. 환갑을 훨씬 지나버린 아버지를 대신한 아버지이자 애인이었다. 오빠의 죽음에 대한 비탄과 죄책감은 오빠의 친구였던 남편과의 사이를 점점 멀어지게 했고, 오빠를 향한 그리움은 오빠의 유고집을 발간한 후 그녀를 바닥 없는 우울로 내몰았다. 그리고 산후 우울증과 더불어 긴 시간을 정신적인 병고에 시달렸다.

그녀를 늪에서 구해준 것은 정신분석이었다. 피분석가로 시작한 그녀는 뛰어난 통찰력으로 헝가리의 정신분석학자 산도르 페렌치Sandor Ferenc의 손에 이끌려 분석가의 길을 걷게 된다. 아동 정신분석에 대한 그녀의 이론이 각광을 받기 시작하면서, 칼 아브라함K. Abraham의 보호 아래 국경을 넘어 프로이트의 영역으로 건너오게 된다. 정신분석가 아브라함의 분석과 지도하에 자리를 잡으려던 멜라니 클라인의 꿈은 스승의 갑작스러운 죽음으로 또다시 방향을 잃고 휘청거리게 된다. 처음에는 호의적이었다가 차가운 시선으로 변해간 프로이트의 시선 속에서 주인 잃은 강아지가 돼버린 클라인은, 바다 건너에서 손을 내민 영국의 정신분석학자 어네스트 존스Ernest Jones를 따라 영국으로 가게 된다. 떠나기 전, 그녀는 모든 고통의 잔재들을 정리하였다. 큰 딸의 결혼과 함께 별거 중이었던 남편과 완전히 이혼했으며, 두 아들은 남편 곁과 기숙사에 남겨두었다.

오랜 방황을 뒤로하고 영국에 도착한 후부터 그녀는 분석가로서 명성을 꽃피우기 시작한다. 자신의 아이에 대한 관찰에서부터 시작한 아동 정신분석은 어머니와 아이의 관계 속에서 인간의 마음이 어떻게 형성되어가는지 찾으려 했고, 이는 훗날 대상관계 이론의 발판이 되었을 뿐 아니라 오늘날 육아서에서 강조하는 모자관계의 뿌리가 되었다.

그녀의 이론적 독창성은 '마음의 분열'에 있다. 분화되지 않은 아이의 마음이 어머니와의 상호작용을 통해서 어떻게 통합되어가는지를 피력한다. 특히 공격성, 죽음의 본능이 대상에게 흡수되지 못할 때, 마음이 어떻게 분열되는지 이야기했다. 지적이지만 사랑이 부족했던 어머니, 그 안에서 사랑과 미움이 통합되지 못하고 분열되어 자란 아이의 고독, 문학이라는 매개체와 오빠라는 대리인으로부터 사랑을 채우기는 했지만 그 대리인이 사라졌을 때 얼마나 깊은 나락으로 떨어질 수 있는지를, 그녀는 이론뿐 아니라 삶으로 보여준다.

정신분석가로서 명성과 안정을 찾아가던 그녀는 인생의 행복을 송두리째 앗아가는 죽음을 다시 한 번 직면한다. 큰 아들 한스의 갑작스러운 죽음이었다. 산에 갔다가 실족사한 한스는 산후우울증 속에서 태어났던 아들이었다. 아버지 앞에서 항상 움츠러들던 아들이었다. 남편이 아내인 자신을 미워할 때마다 화를 폭발했던 아들이었다. 그 아들이 죽은 이후 '단 한 번도 행복한 적이 없었다'고 회고한 그녀의 말은 자식을 잃은 가엾은 엄마의 비통함 그 이상도 이하도 아니다.

부모를 위하여

엄마, 그 고달픈 직업에 대하여

•

'꾸물이' 엄마는 아침에 거울을 보면서 맹세한다. 오늘은 절대로 아이에게 화내지 말아야지. 어제도 꾸물이에게 화내고 회초리까지 들게 되어, 잠든 아이의 얼굴을 보는 마음이 무척 아팠었다. 돌아서면 안쓰럽고, 바라보면 화가 난다. 꾸물이는 엄마 마음에 드는 것이 하나도 없다. 아침 등교부터 엄마가 일일이 다 챙겨주어야 하고, 10분이면 하는 학습지도 엄마가 성화를 부릴 때까지 하지 않는다. 아이는 착한 것 같은데, 도무지 무언가를 스스로 하지 않으려 한다. 학교 끝나고 혼자 터덕터덕 걸어오는 꾸물이를 보면 한편 안쓰럽고 다그치지 말아야지 하면서도, 꾸물거리기 시작하면 나도 모르게 화가 치밀어 올라온다. 화를 내면 안 되는 것도 알고, 아이가 안쓰러운 마음도 있는데, 스스로 제어하지 못하는 감정 때문에 괴롭다. 특히 일상생활에 조리가 없고 느린 것을 참을 수가 없다. 아이가 할 일에 시간이 지체되면 초조해지지 시작해서 아이를 다그치게 되고, 엄마 눈치를 보는 아이 모습에 화가 나서 자신도 모르게 폭발하게 된다. 차라리 반항이라도 했으면 좋겠는데, 그렇지 않은 모습이 더 화가 나고 돌아서면 마음이 아프다. 스스로에 대한 자괴감으로 아이를 키울 자신도 차츰 잃어버리고 있다.

아이를 어떻게 키워야 한다는 것을 모르는 부모는 없지만, 아는 대로 키우는 부모도 없다. 아는 대로 키워지지도 않고, 안다고 내 행동이 그대로 움직여지지 않는다. 알면 알수록 내 보잘 것 없는 부모 노릇 때문에 자괴감만 커갈 뿐이다. 아이에게 상처를 주면 안 된다고 하지만, 부모 또한 아이로부터 끊임없이 상처받는다. 어느 엄마는 아들이 일생의 원수라는 말을 서슴없이 한다. 어느 누구한테도 이렇게 자존심을 상해본 적이 없다는 것이다. 나에게 이렇게 무례하게 군 사람이 단 한 사람도 없었는데, 자식은 어찌 그리 외나무다리에 서있는지 모르겠다고 한다. 그런데도 왜 모든 책마다 자녀를 사랑하라고 써있는지.

그렇다, 많은 부모에게 자식은 원수다. 그렇게 인정하고 들어가는 것이 마음 편할 때가 많다.

나 또한 그런 마음에서 나오는 표현들이 많다. '다음 생에 태어나면 자식의 '자(子)'자도 낳지 않을 거다', '다음 생에도 무언가를 살아야 한다면 아예 숲 속의 나무 한그루, 아니 그것도 해마다 살아내기 귀찮으니 풀 한 포기로 살다 갈 거다' 이렇게 말할 때가 많다. 조금 현실로 돌아오면 이렇게 말한다. '자식은 소모성 보험이다' 평생 쏟아 부어도 아무것도 받을 수 없고, 나달나달 죽을 만큼 사고가 나면 개미 눈물만큼 나오는 소모성 보험 같은 것이다. 매번 적금 넣을 때 갖는 기대감 말고는 사실 아무것도 없다. 나이 들어서 외롭지 않으려면 가정을 일구어야 한다지만, 기대하는 것이 염치없을 만큼 요즈음 젊은이들은 바쁘다. 누구를 돌보아야 할 여유가 없다. 그런 시각에서 보면 열심히 일하면서 틈틈이 문화 생활하는 젊은 싱

글들이 현명하기 그지없어 보인다. 결혼만 하고 자녀 없이 사는 맞벌이 딩크족(DINK)족은 어찌 그리 똘똘해 보이는지.

웬 푸념이냐 싶겠지만, 이 정도라도 해두어야 앞으로 나오게 될 팍팍한 부모의 노릇에 대해 너그러움이 생기지 않을까 싶어 늘어놓아 보았다.

나는 직접 청소년 이하의 내담자들을 만나거나 그런 사례를 지도 감독하게 될 때, 가족의 역동에 비중을 많이 두는 편이다. 가족 내에서 어떠한 감정이 어떻게 흘러다니는지를 감지하려고 한다. 부모의 잘못을 찾아내기 위해 그러는 것이 절대 아니다. 가족은 그 자체로 하나의 커다란 '역동체'요 '만다라'이다. 그 안에서 에너지가 흘러다닌다. 그것도 다른 곳에서는 잘 내보이지 않는 무의식의 에너지가 흘러다닌다. 그래서 부모도 잘 인지하지 못하는 그 감정의 흐름을 찾아주려는 데 많은 시간을 할애하는 편이다.

내 마음속의 작은 아이

..

꾸물이네로 다시 돌아가보자.

꾸물이 엄마는 반듯한 가정에서 자랐다. 교육자인 아버지와 정갈한 어머니 슬하에서 장녀로 성장하였다. '실수도 실력이다'는 부모님의 가르침에 어긋남 없이 자랐다. 결혼하고 살림도 잘하고, 내조도 잘하고, 아이도 깔끔하게 잘 키웠는데, 언제부턴가 아이와 어긋나기 시작했다. 도무지 생각대로 따라주지를 않는다.

단 몇 마디의 설명만으로도 꾸물이 엄마는 열심히, 참하게 살아왔음을 믿어 의심치 않게 한다. '큰딸은 살림 밑천'이라고 우리 문화권에서 대체로 장녀는 일찍 철이 든다. 어리광도 잘 부리지 않고, 책도 일찍부터 읽어서 부모를 자랑스럽게 해주고, 동생도 잘 돌보는 그야말로 살림 밑천으로 자라는 경우가 많다. 이미 태어날 때부터 부모가 부여한 '큰딸'의 역할을 하기 위해서 애쓰면서 살아왔을 것이다.

한 번도 자신에게 주어진 일을 그르쳐본 적이 없이 자라온 꾸물이 엄마는 뭐 한 가지도 제대로 하는 것이 없는 아이를 이해하는 것이 무엇보다 고통일 것이다. 나는 그 나이에 스스로 모든 것을 알아서 했는데, 한 가지도 알아서 하는 것이 없는 아이가 도저히 이해되지 않을 것이다. 어릴 적부터 내게 주어진 일을 잘 해내려고 애쓰면서 살아온 꾸물이 엄마는 아이를 잘 키워내지 못한 '실패한 엄마'로서의 모습이 더 좌절스러울 것이다. 내가 노력해서 되지 않았던 것이 별로 없는 것 같은데, 열심히 살아온 내 삶에 '오점'을 남기는 아이가 화나고 밉기도 할 것이다.

'아이를 잘못 키운 것 같다'는 수치심을 내보이는 많은 엄마들을 나는 안쓰러움으로 대한다. 아무리 애를 써도 퍼즐이 어긋나는 엄마들의 당혹함과 좌절감을 먼저 이해하려고 한다.

그리고 그 어긋나는 퍼즐의 틀에 대해서 같이 이야기를 나눈다.

'일찍 철이 든다'는 것은 부모에게 좋을 뿐, 아이에게 좋을 것은 단 한 가지도 없다. 마치 익지 않은 바나나를 억지로 숙성시키는 작업과 다를 바가 없다. 과일이든 아이든 자연스러운 상태에서는 절대로 일찍 철이 들지 않는다. 아이는 욕망의 덩어리다. 그래서 아이다. 이기적일 만큼 자기중심적이다. 먹고 싶은 것은 당장 먹어야 하고, 갖고 싶은 것은 가져야 한다. 부모의 주머니 사정을 생각하기 시작하면 그때는 이미 아이가 아니다. 동생은 원수이자, 내 사랑을 빼앗아가는 '첩(妾)'이다. 동생을 돌보는 것은 부모의 사랑을 놓치지 않으려는 처절한 몸부림일 뿐이다.

'철들지 않은 모습'은 아이만 가질 수 있는 특권이다. 일생에 어느 순간에도 다시 되돌아오지 않는다.

꾸물이 엄마의 퍼즐에는 이러한 '철들지 않은 아이'가 상실되어 있다. 아니, 스스로 상실시켜 버렸을 것이다. 날 때부터 부모가 부여해준 역할을 해내기 위해서 일찍 철이 들어버렸을지 모른다. 그러니 꾸물이 엄마의 마음속에는 해야 할 일을 미루고 놀고 있는 아이를 이해할 수 있는 퍼즐이 놓일 자리가 없다. '철없는 아이'가 머무는 공간이 없다. 철없는 아이를 보면 불안해진다. 그래서 자꾸 화를 내게 된다.

어려서부터 일찌감치 철든 역할을 해내기 위해서, 동생을 잘 돌본다는, 공부 잘한다는 말을 듣기 위해, 스스로를 채찍하며 살았을 꾸물이 엄마에게는 성인이 되도록 자라지 못한 '작은 아이'가 마음 깊은 곳에 갇혀 있다.

아니다. 아이에 대한 화는 더 깊은 곳에 있을지도 모른다. 꾸물이 엄마가 어린 시절, 매사에 누나한데 의존하던 철들지 않는 동생을 돌보아야 했던 억울함이 밀려오는 것인지도 모른다. 기껏해야 두 살 터울일 뿐인데, 누구는 돌보는 역할을 하고, 누구는 그러한 돌봄을 받는 역할을 한 것에 대한 억울함인지도 모른다. 그토록 꾸물이에 대한 화를 참을 수 없었던 것은 눈치 보는 아이의 시선 속에서 얄미웠던 동생이 보였기 때문인지도 모른다.

앞에서 아이의 마음 형성과정을 설명할 때, 모든 것이 마음속에 채색될 수 있다고 하였다. 그것은 부모 자신에게도 해당되는 말이다. 부모가 아이였을 때, 그 부모로부터 받았던 많은 것들이 마음속에 채색되어 있다. 기억에 없다고 잊혀진 것이 아니다. 몸은 기억하고 있고, 그것이 감정반응으로 나온다. 부모교육이 책대로 안 되는 이유이다. 알고도 그렇게 못하는 이유이다. 아이와의 갈등은 엄마와 아이의 싸움이 아닌 경우가 많다. 아이와 엄마 속에 있는 '작은 아이'와의 싸움인 경우가 많다. 아이와 엄마 속에 있는 '주눅 든 아이', '억울한 아이', '불안한 아이'와의 싸움일 수 있다. 해서, 아이를 잘 이해하고, 잘 키우기 위해서는 먼저 내가 어떤 아이였고 우리 부모가 어떤 사람이었는지를 이해하는 것이 중요하다.

해법 찾기

...

부모 자녀의 문제로 상담실을 찾는 경우, 엄마는 아이의 문제행동에만 초점을 두지만 이에 대한 직접적 조언은 별 도움이 되지 않는다.

꾸물이 엄마의 퍼즐은 마음속 억울함을 먼저 이해하는 것부터 시작해야 한다. 아이를 다룰 수 있는 어떤 방법도 이 상황에서는 효과가 없으며, 부모의 수치심과 좌절을 건드릴 뿐이다.

'부모가 아이에게 화를 내면 안 된다'고 사람들은 말한다. '그러면 더 기 죽을 수 있으니 절대로 그러면 안 된다'고 전문가들은 말한다. 그 말은 마치 엄마는 꾹꾹 참다 화병 나서 죽어도 괜찮다고 말하는 것 같다.

꾸물이 엄마 기억에 동화는 항상 틀렸다. 어려서 편했던 베짱이의 팔자는 끝까지 편하다. 항상 누군가 챙겨주는 사람이 있다. 엄마인 내가 참아야 하고, 누나였던 내가 참아야 하고. 팔자가 아닌 다음에야 누구는 베짱이로 살고, 누구는 만날 허덕거리며 살아야 하는지 알 수가 없다고 꾸물이 엄마는 말한다.

'나는 그토록 나 자신을 채찍하며 살아왔는데, 꾸물이는 도대체 왜 저 렇게 꾸물거리는지 정말 알 수가 없어요. 나는 새벽에 부엌에서 딸깍 소리만 나도 벌떡 일어났는데, 꾸물이는 열 번을 깨워도 일어나질 않아요. 그리고 혼을 내면 제 눈치를 보고. 왜 내가 해줄때까지 눈치 보며 기다리는지 도무지 이해할 수가 없어요. 돌이켜보니 제 동생도 그랬어요. 누나인 제가 해줄 때까지 뭉그적거리고. 그런다고 혼내면 엄마 들으란 듯이 큰 소리로 울고. 그러면 엄마 달려오시고. 동생하나 챙겨주지 못하냐고 나만 혼나고. 내가 억울해 울면 다 큰 아이가 왜 우느냐 하고.'

그렇다. 두 살이 엄마 노릇 대신할 만큼의 터울은 아니다. 형제남매의 나이 차이란 그저 같이 어울릴 만하고, 내 것을 누군가 가져가려 하면 화나고, 나보다 누군가를 더 예뻐하면 질투 나는 그런 나이 차이에 불과하다.

이 책 어딘가에서 부모의 마음에 방이 여러 개가 있다는 말을 했었다. 꾸물이 엄마 마음의 방 속에 아이는 '좌절의 방'에 들어가 있는지 모른다. 아무리 애써도 그저 당연한 아이, 잘못하면 안 되는 아이의 방 속에 들어가 있는지 모른다. 그래서 꾸물이가 잘하려고 해도 자꾸 그 좌절의 방으로 미끄러지는지도 모른다. '아이들 그럴 때 있어요. 그냥 놔두면 잘 커요' 주위에서 아무리 말해도 '좌절의 방'에 있는 꾸물이 엄마 마음속에 있는 '아이의 불안'은 그렇게 받아들이지를 못하는지 모른다.

같은 종류의 나무라도 자라는 토양에 따라 조금씩 달라진다. 토양과 기후에 맞게 적응해나간다. 우리도 마찬가지이다. 부모가 부여하는 역할, 기대, 금기에 따라 적응하며 자란다. 뿐만 아니다. 누구에게든 어린 시절의 상처는 쉽게 없어지지 않는다. 특히 억울하거나 화나는 감정들은 해결되지 않으면 절대 없어지지 않는다. 눈처럼 차곡이 쌓인다. 만년설처럼 쉽게 녹지 않는다. 어쩌다 만나게 되는 사랑에 녹을 수는 있다. 하지만 녹아서 내가 가장 사랑해야 할 사람들 마음속으로 흘러들어간다. 눈물, 증오, 억울함이 되어 흘러다닌다. 그리고 그것을 피할 능력이 없는 아이들은 행동으로 표현한다. 지층 얇은 곳으로 마그마가 흘러나오듯이.

그것이 '가족의 역동'이자 가족이 만들어내는 '만다라'이다.

사랑학 —— 사랑과 미움에 대하여

· · · ·

미움은 사랑하기 때문이라고 한다. 사랑하기 때문에 헤어진다고 한다. 내가 그 사랑을 해칠까 두려워 헤어진다고 한다. 미워하지 않기 위해 헤어진다고 한다. 그렇다. 사랑과 미움은 동전의 양면이다. 사랑하는 깊이만큼 미워하는 과정을 거친다. 때로 그 미움이 너무 깊어 돌아오지 못하는 강을 건너버리기도 한다.

앞의 마음을 설명하는 과정에서 '고깔 그림'을 들어 사랑과 증오의 양면성을 보여주었다. 이번에는 '야구공'이다. 가족의 역동을 설명하기 위해서 마음을 '야구공'에 비유해보겠다.

먼저 앞에 설명한 내용을 한 줄만 빌려와야 할 것 같다. 어린아이에게 좋은 감정은 동그라미로 채색되고, 기분 나쁜 감정을 가위표로 채색이 된다고 하였다. 좋은 감정은 야구공의 윗부분이다. 나쁜 감정은 둘로 나뉘어져 야구공의 양면에 자리 잡게 된다. 즉, 나쁜 감정을 울음으로 표현하던 어린아이가 그래도 별 효력이 없다는 것을 알면 마음속으로 가지고 들어간다. 그것을 양팔에 나누어 놀이를 시작한다. 한 팔이 '배고파, 울고 싶어'라고 말하면, 다른 한 팔은 '아니, 안 돼'라고 말한다. 양팔은 두 아이가 되어 서로 용수철처럼 싸운다.

"떼쓸 거야."

"안 돼."

전자는 '망나니', 혹은 '떼쟁이'가 되고, 후자는 '일찌감치 철든 아이'가 된다.

떼쓰는 욕구가 강하면, 누가 봐도 망나니 같은 아이로 자랄 것이고, '안 돼'를 더 외칠 수 있는 아이는 '일찍 철든 아이'로 자랄 것이다. 어느 아이로 자랄 것인지는 타고난 성향과 관련 있을 수도 있고, 부모가 암암리에 부여한 역할에 따라 달라질 수도 있다. 겉으로 드러나는 것이 무엇이든 중요한 것은 두 아이의 정신적 성숙도는 같다는 것이다. 아이는 '억압된 결핍'이라는 공통된 주제를 갖고 있고, 따라서 미성숙한 정신구조를 갖게 된다.

이 말이 잘 이해되지 않는다면 주변을 한번 둘러보기 바란다. 초등학교까지 전교회장 하며 엄친아로 잘 자라던 아이가 사춘기 때 뒤집어져서 친구들의 역사 속에서 사라지는 경우. 철부지 같은 남자와 대쪽 같은 여자가 만나 불꽃 튀게 사랑하고 결혼하는 경우. 하루가 멀다 하고 싸우면서도 꽉 잡고 꼭 잡혀서 '잘' 사는 부부들을.

역동적인 가족 치료사인 보웬이 말하기를 '부부는 정신적 성숙도가 같은 사람들끼리 만나게 되고, 이것이 자녀에게 대물림 된다'고 하였다.

'성실' 씨는 아들 문제로 상담을 받으러 왔다. 위로 누나가 있고, 막내가 아들이다. 두 아이 모두 유학을 보냈다. 큰 아이는 명문 고등학교를 거처 명문 대학에 들어갔다. 아들은 적응하지 못해서 1년 반 만에 돌아왔다. 일반 고등학교에 들어갔는데 적응을 못해서 대안학교에 보냈고 그나마 다니지 않겠다고 해서 검정고시를 준비하고 있다고 했다. 어디까지 포기해야 할지 그 끝을 알 수 없다고 했다. 아무리 기대를 낮추어도 그 기대하는 선을 넘지 못한다고 했다.

느낌에 대쪽같이 성실한 엄마였다. 독실한 신자이고, 항상 남에게 봉사하는 삶을 살아야 한다고 자녀들에게 가르쳤다 했다. 강하게 키워야 자녀들이 잘 자랄 거라고 생각했다고 했다. 큰아이가 고등학교 때 시험에 리포트에 며칠씩 잠을 못 잤다고 하소연하면, '며칠 못 잔다고 죽지 않는다'며 일축했다. 딸은 잠을 쫓기 위해 자기 몸을 꼬집으며 공부했다. 그런데 둘째는 뼈가 없는 연체동물 같아서 도무지 어떻게 다루어야 할지 모르겠다고 했다. 내 방법이 하나도 먹히지 않는다고 하소연 했다.

정말 모르겠다. 그 엄마의 마음속에 있는 '서슬 퍼렇게 좌절되어 있는 아이'를 어떻게 끄집어내 보여주어야 할지.

성숙이란 흔히 '어른스러운 행동'이라고 생각하는데, 그것으로 성숙을 설명하기에는 턱없이 부족하다. 오히려 그 어른스러움이 미성숙을 방어하기 위한 것일 때도 있다. 무엇이든 지나친 것은 무언가를 방어하는 것일 가능성이 높다. 지나치게 엄격하다든가, 지나치게 금욕주의적이라든가.

심리학에서 성숙한 사람이란 유연한 사람이다. 어린아이부터 자신의 나이까지 유연하게 왔다 갔다 할 수 있는 그런 사람이다. 어린아이 같은 천진함과 프로다운 비즈니스 마인드를 적재적소에 사용할 줄 아는 사람이다. 아이와 놀 때는 아이의 눈높이에 맞게 천진하게 놀 수 있는 사람이다. 자녀와 터놓고 대화하자고 해놓고, 수세에 몰리면 권위를 내세우는 그런 것이 아니라, 부모라도 잘못한 것이 있으며 자녀에게 정중히 사과할 수 있는 것이 성숙한 마음이다.

'자존감이 높다'는 것과 '자존심이 세다'는 것은 전혀 다른 성숙도를 갖는다. 자칫 말장난처럼 들릴지 모르겠지만, 자존감이 높다는 것은 말 그대로 어떠한 상황에서도 자신을 존중하는 마음을 잃지 않는다는 뜻이며 따라서 누가 뭐라고 해도 쉽게 흔들리지 않는다. '자존심이 세다'는 말은 낮은 자존감을 감추기 위해서 단단히 무엇으로 감싸려는 태도일 가능성이 높다. 그래서 상처받는 상황에 민감하고 쉽게 타협하지 않으려고 한다. 그래서 고집이 세고, 남의 말에 잘 귀 기울이지 않으려고 한다. 약한 자존감을 보호하기 위한 것이다. 성숙하지 못하다는 의미이다.

대상관계 이론가인 페어번은 유아가 좌절한 경험들은 무의식으로 남아서 두 마음이 길항작용을 한다고 하였다. 하나는 끊임없이 잘못을 집어내고 꾸중하는 엄한 부모를 내재화한 '엄격한 나'가 자리 잡게 된다. 끊임없이 나를 억제하고 다잡는 역할을 한다. 필요하면 스스로를 벌주는 역할도 한다. 다른 한쪽에는 냄비 끓듯이 자꾸 충동질하는 나, 뭔가 조르면 될 거 같은 안달하는 나, 철부지 같은 내가 자리한다. 그리고 이 둘은 마음속에서 용수철처럼 길항작용을 한다.

용수철처럼 길항작용을 한다는 것은 편안하지 못하다는 의미이다. 그만큼 소모되는 에너지가 많다는 뜻이며, 감정적으로 불안과 긴장을 수반한다는 의미이다. 이러한 불안이나 긴장은 말하지 않아도 자녀에게 전수될 가능성이 높다. 때로 불안한 아이로, 때로 감정을 차단하고 전혀 느끼려하지 않는 아이로.

반성할 줄을 모른다거나, 죄책감을 느끼지 못한다거나, 혹은 욕심이 없고 하고 싶은 게 없다고 부모들이 설명하는 아이들이 있다. 처음부터 그런 아이는 없다. 인간이 가장 감정적이고 예민한 시기는 다름 아닌 어린 시절이다. 인정받고 사랑받고 싶어 하지 않는 아이는 없다. 무언가 내가 최고가 되고 싶다는 의지가 처음부터 없었던 아이는 없다. 길항작용에 지친 아이들이다.

대상관계 정신분석의 본고장인 영국의 타비스톡 클리닉에서 대상관계 부부치료사인 미국의 샤프 부부가 부부와 가족치료 프로그램을 만들 때, 페어번의 이러한 이론이 토대가 되었다. 샤프 부부는 이 과정을 공 모양으로 만들어 제시하였다. 이책에서는 독자들이 좀 더 이해하기 쉽도록 야구공 모양으로 만들어 보았다.

가운데는 의식적인 부분으로 현실적으로 소통하는 부분이다. 야구공 양쪽에 있는 부분은 좌절되어 무의식으로 내려간 부분이다. 양팔로 나뉘어져 길항작용을 하는 부분이다. 양팔에 서로 다른 인형을 가진 채 한편은 떼를 쓰고 싶은 아이, 무언가 한번만 더 떼를 쓰면 들어줄 것 같은 환상을 갖는 아이이고, 다른 하나는 '안 돼'라고 가로막는 아이가 있다.

마음의 두 자리

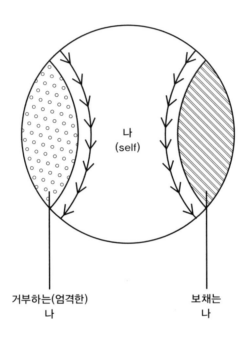

앞에서 부모의 마음에는 방이 여러 개라고 말했는데, 이처럼 페어번이 설명하는 마음 형성과정에서 만들어지는 것이다. 이들이 차츰 분화해서 여러 개의 방을 만든다. '엄격한 방', '불안한 방', '뭔가 보호받고 싶은 방', '좌절된 방.' 이런 것이다. 중요한 것은 이렇게 무의식에 갇혀있는 한 성장하지 못한다는 것이다. 실제 나이를 먹어도 마음속 이 부분은 정체되어 있다. 겉으로 어른스러워 보일지 몰라도 그 자체로 방어기제일 뿐 성숙한 것은 아

니다. 때로 7살, 5살, 3살에 머물러 있다는 의미이며 전문가들이 '성인 아이', '내면의 작은 아이'라고 부르는 모습이다.

이렇게 무의식에 갇혀 있는 것들은 주로 가장 가까운 사람들, 내가 사랑해야 할 가족 속에서 흐르게 된다. 그러한 부모들의 마음속 방에 아이들은 알게 모르게 배치된다. 이것이 가족의 역동을 만들어가는 과정이다. 엄마는 남편과 아이들에게, 아빠도 아내와 아이들에게. 가족은 이들이 만들어 가는 하나의 커다란 만다라이다.

내가 상담했던 어느 교포는 몇 년째 부모를 만나지 않는다. 보고 싶지도 않다고 했다. 중학교 때 이민을 가서 미국에서 사춘기를 보내고, 대학 졸업 후 한국에서 일하고 있다. 일할 때 무엇이 가장 힘드냐고 물어보면 윗사람들을 대하는 것이라고 했다. 특히 아버지 또래의 어른들을 대하는 것이 힘들어서 국내 기업에서는 잠깐 일했을 뿐, 현재 외국 기업에서 근무하고 있다.

자라면서 아버지는 당신 편의대로 자녀를 교육시켰다. 미국에서 자라면서도 부모님께 반항해본 적이 없다. 어른을 공경해야 된다는 '한국식' 유교 사상을 고집하셨기 때문이다. 대학에 들어가서는 학비를 단 한 푼도 받아본 적이 없다. 생활비도 스스로 벌어야 했다. 18세가 지나면 자립해야 한다는 아버지의 '미국식' 교육 방침 때문이었다. 아버지 편의대로 한국식 교육과 미국식 교육을 적절히(?) 사용한 덕택에 미국 아이들처럼 자기주장적이지도 못했고, 한국 아이들처럼 생활비 걱정 없이 공부에만 전념하면서 대학을 다니지도 못했다. 대학 내내 생활비를 벌면서 친구 없이 바쁘고 외롭게 지냈다.

누구보다 결혼하고 싶은데, 사람을 잘 만나지 못한다. 사랑을 믿지 못하기 때문이다. 사랑하게 되는 순간 집착하게 되고, 현실은 항상 그 집착을 채워주지 못하기 때문에 증오감으로 자라게 된다. 차츰 그 집착에 자신이 두려워진다. 좋은 가정을 갖고 싶은 마음이 간절한데 그 바탕이 되는 사랑이 두렵다.

아버지는 아들이 장차 집안의 기둥이 되어야 하기 때문에 엄하게 키워야 한다면서 한 번도 살갑게 대하지 않았다. 인간이 사고하는 머리를 가졌다는 것이 참 편리할 때도 있다. 아버지의 아버지로부터 받았던 냉대, 그래서 자식을 어떻게 사랑하는지 모르는 아버지는 '엄하게 키워야 자식이 잘된다'는 논리로 자신의 냉혹함을 합리화했다. 어머니는 생활비를 벌어야 한다는 이유로 일요일까지 일하는 직장을 택함으로써 아버지와 아들의 갈등을 외면했다.

누가 보아도 성실하고 타고난 심성이 고운 사람인데, 그렇게 노력해도 아버지의 칭찬을 받지 못했다는 것을 치료 내내 뼛속 깊이 아파했다. 자신의 노력과 무관하게 아버지 마음속에 자신의 방이 정해져 있었다는 것을 일찍 알았더라면 글쎄 인생이 좀 덜 고달팠을까.

꾸물이 엄마도 자라오면서 많은 것을 접으며 살아왔을 것이다. 꾸물이 엄마라고 어리광 피우며 엄마 품을 찾고 싶지 않았을 리 없다. 내가 있고 싶은 품에 동생을 안고, 두 살밖에 더 먹지 않은 나를 다 큰 아이 대하듯 하는 엄마에게, 일정한 울타리를 만들어 놓고 그것을 넘지 않으려고 애쓰면서 살아왔을 것이다. 그러한 꾸물이 엄마의 노력이 꾸물이가 그 금기의 울타리를 넘어가면서부터 헛바퀴를 돌게 되었을지 모른다. 아니 그 경계에 있을 때부터 엄마가 불안해했을지도 모르겠다. 그저 경계에 있는 아이를 볼 때마다 지레 불안해서 경고음을 울렸는지도 모르겠다. 그것이 아이를 불안하게 했는지도 모른다. 아니면 그 경계에 있는 아이가 밉고 불안해서 엄마가 울타리 밖으로 밀어버렸을지도 모르는 일이다.

자녀와 함께 성장하는 부모

• • • • •

우리가 부모가 되기 전, 아니 지금도 그렇기는 하지만, 누군가의 자녀이다. 우리가 아이에 대해 고민하듯이 우리 때문에 고민하던 부모님이 계셨다. 우리네 부모는 어떤 사람이었는지 한마디로 대답하기는 쉽지 않다. 최선을 다하지 않는 부모는 없다. 자식을 키우느라 얼마나 애쓰며 살아오셨는지 알기에 우리는 부모에 대한 어떠한 판단도 하지 않으려고 한다. 섭섭함도 있고, 억울함도 있고, 다른 가정에 태어났으면 싶을 때도 있었을 것이다. 하지만 지나고 보면 부모에 대해서는 죄책감과 애틋함만 남게 되는 것이 일반적이다.

그렇다고 어려서 경험했던 감정들까지 없어진 것은 아니다. 침전된 감정들이 고스란히 남아서 내 아이를 키울 때, 도깨비방망이처럼 이러저리 휘둘려진다. 머리로 알아도 행동이 따라주지 못하는 것은 그 때문인 경우가 많다. 화내지 말아야지 하면서도 아이만 보면 화가 난다면 이것은 필시 내 마음 안에 있는 '어린 도깨비'의 짓이다.

인간의 가장 큰 비극 중의 하나는 독립할 수 있을 때까지 어느 영장류보다 긴 시간을 필요로 한다는 것이다. 어릴수록 아이에게 부모는 전지전

능한 존재이다. 뭣 모르고 울던 시절을 지나 자기주장이 생기기 시작하는 순간 부모로부터의 제약이 따른다. 보호를 가장 많이 받는 영장류인 동시에 제약도 가장 많이 받는다. 훈육이라는 이름하에 많은 권력이 행사된다. 때로는 부모의 이유 없는 분노의 대상이 되기도 한다. 약자이다보니 부모가 나를 미워하는지 아닌지에 촉각을 세우고, 단순한 훈육이나 꾸중에도 부모가 나를 버리지는 않을까 불안해한다.

사춘기나 청소년기가 되어야 부모를 객관적으로 바라볼 수 있는 인지적, 정신적 힘이 생기게 된다. '부메랑'이 시작되는 시기이다. 청소년기에 부모와 유달리 많이 싸우게 되는 이유 중 하나이다. 그동안 '당했던' 것이 억울하기도 하고.

사춘기에 부모와 각을 세우는 것은 정상발달이다. 부모를 객관적으로 바라본다는 것은 부모와 자녀가 수직관계에서 수평관계로 자리 이동을 한다는 의미이며, 청소년 대상 정신분석학자들은 이 시기를 '두 번째 분리-개별화 시기'라고 한다. 부모의 장단점을 파악하고, 부모를 한 인간으로 평가하게 된다는 것이다. 성인이 되어갈 준비를 한다는 뜻이다. 그런데 우리 문화권에서는 이러한 과정이 충분히 일어나고 있는 것 같지 않다는 느낌이다. 학부모 면담을 할 때, 그들의 부모에 대해서 물으면 대부분 매우 추상적으로 대답한다. 희생적인 분이셨다든지 자녀를 위해 애쓰신 분이셨다든지, 감정이 담긴 대답을 회피한다. 사랑했다, 미워했다, 서러웠다. 이런 대답이 잘 나오지 않는다. 특히 살가움이 무엇인지 잘 모르는 경우가 많다. 그 느낌을 잘 모른다. 그래서 가끔 질문한다. 어린 시절로 돌아가 엄마의 품에 있다고 느끼면 어떤 감정이 들지, 아니 지금 엄마의 어깨에 머리를 기댄다고 상상하면 어떨 것 같은지. 상상이 잘 안 된다고 한다든가, 불편하거나 어색할 것 같다고 하면 살갑지 않은 것이다. 아이가 예뻐서 어쩔 줄 모르는 그런 살가움을 받은 경험이 나와 부모 사이에 없었다는 뜻이다. 그 살가움에 대한 경험이 없는 내가 아이를 키우는 엄마라면, 가장 먼저 해야 할 일은 살가움이 무엇인지부터 배우고 느껴보는 일이다. 부모교육이나 이론은 그 다음이다.

살가움이 양육에서 가장 중요한 이유가 있다. 엄마와 아이 사이에 일차적인 의사소통은 피부접촉이다. 아이가 예뻐서 어쩔 줄 몰라 바라보고, 안아주는 느낌을 유아는 피부를 통해서 받아들인다. 그것이 사랑의 경험이며, 건강한 자아, 자존감으로 발전해가는 마음의 핵이 된다.

자녀를 잘 키우기 위해서는 나와 부모의 관계가 어떠했는지를 이해하는 것이 선행조건일 수 있다. 부모는 다 성장한 사람이고 아이는 키워야 할 대상으로 단순하게 나눌 수 없다. 부모 역시 불완전한 인간이며 아이와 함께 성장해간다. 내 안에 갇혀있는 '자라지 못한 아이'를 자녀가 끄집어내고 그것이 갈등을 만들기도 한다. 아이를 키워야 하기 때문에 들여다볼 수밖에 없고, 그렇게 내 모습을 깨우쳐나가면 부모이자 인간으로서 다시 한 번 '성숙'할 기회를 갖게 된다. 그런 의미에서 '갈등'은 성숙으로 가는 제일 관문이 된다.

이따금 자녀 문제로 혼자 상담을 받으러 오는 부모들이 있다. 그렇게 혼자 찾아와서 꽤 오랜 기간 동안 상담을 받는 경우가 있는데 처음에는 좀 망설였던 방법이다. 아이 상담도 아니고, 그렇다고 부모 자신에 대한 상담도 아니고 좀 모호한 치료관계 때문이었다. 심리치료라는 틀에 맞추기도, 교육이나 조언이라는 것에 초점을 두기도 애매해서, 자녀를 데리고 올 수 있겠는지 보고 그렇지 못하면 필요한 것들을 조언을 해주는 데에 그쳤다. 그러다 차츰 마음을 바꾸었다. 그렇게 그냥 돌아갔던 부모들이 나중에 더 악화된 상황으로 다시 찾아오는 것을 보면서, 부모에게 일단 리모컨을 쥐어주어야겠다는 심정으로 상담에 임하였다.

치료시기를 놓치는 경우가 안타까울 만큼 많은 것 같다. 부모가 전문적인 도움을 받게 하고 싶어도 자녀들이 거부하거나, 빈틈없는 학교, 학원 일정을 빼는 것이 쉽지 않다. 심리적인 문제로 자녀들이 입는 피해는 때로 치명적이다. 알다시피 우리 고등학교는 총성 없는 전쟁터다. 특수고등학교에 입학할 만큼 영민했는데 나중에는 갈 수 있는 대학이 없을 정도로 학교 생활 능력이 소실되는 친구들이 적지 않다. 안타깝기 그지없다. 사춘기가 흔들리면 대학이 휘청거리고 그렇게 되면 앞날을 보장하기 어려운 것이 아직까지 우리의 현실이기 때문이다.

부모 상담을 하는 또 하나의 이유는 자녀 문제로 시작했다가 차츰, 자신의 내면의 '어린아이'를 발견하고 자연스럽게 자신에게 중점을 두는 제대로 된 심리치료 상황으로 이어지는 수순을 밟기 때문이다. 부모 자신 안에 있는 마음의 방들, 이것이 자녀에게 미치는 영향을 찬찬히 들여다보면서 부모 또한 성장할 수 있는 기회를 갖게 되기 때문이다.

애써 키워도 채무만 쌓이는 것이 부모 노릇인 것 같다.

너무 서두를 필요가 없다는 말을 젊은 엄마들에게 꼭 하고 싶다. 너무 일찍 버릇을 가르치려고 하는 것, 일찍 천재가 되게 하려고 하는 것들이 무리수가 되면 아이에게 상처로 남을 수 있다. 너무 일찌감치 부모가 부여하는 역할을 떠안게 되면 자라는 내내 버거울 수 있다. 이것이 아이들에게 불안, 강박, 공격성, 우울 등으로 나타날 수 있고, 이것을 치유하는 데는 많은 시간이 걸린다. 생후 3년까지는 '사랑'만으로 충분하다. 그것도 '무조건 사랑'.

부모들은 자녀를 자존감 높은 아이로 키우고 싶어 한다. 오랫동안 심리학과 정신분석을 공부한, 그리고 세 아이를 키운 엄마로서 말한다면, 자존감이란 쇠를 단련하듯 불에 녹이고 두들겨 만들어지는 것이 아닌 것 같

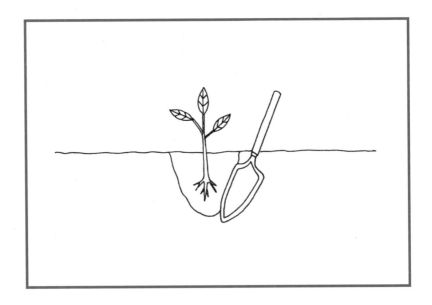

다. 그보다 백김치 담그듯 곱게 싸서 숙성시키는 그런 것 아닌가 싶다. 알토란 같은 재료들이 흘러나오지 않도록 그대로 담아서 익히는 것, 자꾸 휘젓고 흔들면 속이 다 터져서 안 되는 그런 것이라고 나는 생각한다.

아이를 키울 때는 삽을 깊게 파는 것이 좋다. 그래야 뿌리가 상하지 않는다. 마음을 크게 가지라는 뜻이다. 그러기 위해서는 부모로서 내 마음이 깊어야 한다.

마음이 깊으면 닿지 않는 곳이 없다. 키우는 과정에서 많은 우여곡절이 생기겠지만, 그렇게 마음 깊이 닿아있으면 해결하지 못할 갈등은 없다.

둘 · 아이가 자라는 발걸음

이 장에서는 영유아의 전반적인 발달과정에 대해서 이야기하고자 한다. 아이를 키우는 데 무엇이 정상발달인지를 이해하는 것은 매우 중요하다.

대체로 만 1세경(구강기) 아이들에게 중요한 것은 감각, 신체적인 접촉이다. 이 시기의 아이들은 감각이나 신체적 접촉을 통해서 외부와 소통하고, 이를 통해 심리적으로 자아의 싹을 틔우게 된다. 2세경(항문기)의 걸음마하는 아이들에게 중요한 것은 운동, 신체활동이다. 행동과 생각이 일치하지 않아 여러 가지 불협화음이 나타난다. 자기주장이 강해지고, 공격성이 나타나는 시기이며, '싫어요'라고 말할 수 있는 시기이다. 심리적으로 분리불안, 공격성, 수면장애가 정상적 발달과정에서 나타날 수 있다. 3세경(남근기)에는 언어발달이 핵심이다. 자신의 생각을 비로소 말로 표현할 수 있게 되는 시기이다. 말귀를 좀 알아듣게 되는 시기라는 의미이다. 6세경에는 잠복기에 들어가며 또래집단이 중요한 이슈로 등장한다.

구강기
모든 것을 입으로 확인하는 시기(0~1세)

이 시기는 감각, 신체적인 접촉이 중요한 역할을 하는 시기이다. 누군가가 나를 안아 주는 느낌으로 세상과의 소통을 시작한다. 이 시기의 아이들은 손에 잡히는 것은 뭐든 입으로 가져간다. 확인하기 위해서이다. 그래서 구강기이다. 심리적으로 자아의 싹을 틔우는 시기이므로 가장 조심스럽게 다루어야 한다.

"아이의 마음은 엄마와의 신체적 접촉을 통해서 형성된다."

- 도널드 W. 위니콧 -

혼자 있기 싫어요 ── 접촉

•

피부감각. 신생아들이 세상과 대화하는 통로이다. 신생아는 자신의 피부를 통해 접촉되는 느낌으로 세상을 지각한다. 그 일차적인 대상은 엄마이다. 일찍이 위니콧은 아이의 마음이 형성되는 과정이 엄마와의 신체적 접촉을 통해서 이루어진다고 하였다.

신생아의 행복감은 온전히 신체적 만족을 통해서 얻어진다. 배고플 때 먹을 것이 주어지면 행복해지고 그렇지 못하면 불행해진다. 오랫동안 누워 있어 불편해졌을 때, 누군가가 안아주면 행복하고 그렇지 못하면 불행해진다. 단순하다. 하지만 마음을 형성하는 과정이기 때문에 매우 중요하다. 그것도 인생의 초기이기에.

언제가 차를 살 때, 딜러가 그랬다. 처음 일만 킬로미터를 어떻게 타느냐가 차의 성능을 좌우한다고. 길에 있는 둔덕조차도 아주 조심스럽게 넘어야 한다고 했다. 신생아도 이와 다를 게 없다. 옛 어른들은 삼칠일까지는 바람도 들이지 않게 했다. 외부인 출입 말라고 새끼를 꼬아 대문 앞에 달아두었다. 하루의 대부분을 자고 있지만 그만큼 예민하기에 신체적 욕구를 충분히 채워주어야 한다.

'울면 목청 좋아진다'는 말이 있다. '손 타면 못 쓴다' 하기도 했다. 한때 태어난 지 몇 달 되지도 않는 아기들을 혼자 재우고, 울어도 그냥 두라고 하는 육아 전문가도 있었다. 그러나 신생아의 울음은 적극적인 의사 표현이며 대개는 신체적 불편을 호소하는 것이다. 배가 고프거나 기저귀가 젖었거나 무언가 편치 않다는 뜻이다. 이유가 무엇이든 이러한 불편을 방치하면 심리적으로 불행해진다. 그래서 더 성마른 아이가 되거나, 반대로 외부 자극에 둔감한 아이가 될 수 있다. 무기력해지거나 면역기능이 떨어져 신체적 질병에 잘 노출되는 아이가 될 수도 있다.

사실 어른들도 다를 바 없다. 배고프면 짜증나고, 잠 못 자면 만사가 귀찮다. 다른 점이 있다면 스스로 해결할 수 있느냐 없느냐일 것이다.

너무 안아주면 손이 탄다거나 울어야 목청이 좋아진다, 혼자 재우는 것이 좋다고 하는 말은 모두 어른들의 편의를 위한 것이다. 신생아에게는 좋을 것이 단 하나도 없다. 신생아는 무엇이 필요해도 자기가 할 수 있는 것이 없기 때문에 불편감을 울음으로밖에 표현할 수가 없다. 말도 통하지 않는 아이와 기 싸움하는 것은 앞으로 겪게 될 긴 싸움의 시작을 만들 뿐이다.

혼자 자기 싫어요 ── 수면

··

    외국영화를 보면 육아와 관련하여 가끔 흥미로운 장면이 나온다. 젊은 부부가 안방에 있는 모니터를 통해서 제 방에 있는 아기가 잘 자고 있는지를 살피는 것이다. 아마도 아기 방에 카메라가 설치되어 있는 것 같고, 영상이 안방의 모니터에 전송되어 오는 듯하다.

    신생아는 대부분의 시간에 잠을 잔다. 먹고, 자고, 배설하고, 자고. 그렇게 열심히 먹고 자서 백일이 되면 체중이 두 배가 된다. 아이가 잠을 잘 자지 않는 것만큼 부모를 힘들게 하는 것은 없다. 한 지인은 밤에 우는 아이를 달래고 있는데, 남편이 창밖으로 던져버리라고 했었다며, 모임 때마다 들춰내 앙갚음하곤 했다. 아침이면 어김없이 출근해야 하는 사람에게 아이가 밤에 우는 것은 고문이 아닐 수 없다.

    유아 발달상 아기를 데리고 자야 하는지 아닌지에 대해 많은 논란이 있어왔다. 한동안 따로 재우는 것이 습관 형성에 좋다고 하는 전문가도 있었다. 그러나 그 논란의 근원지인 서구조차도 아이를 따로 재우기 시작한 것이 불과 150년밖에 되지 않는다고 한다. 산업혁명이 시작되고 엄마가 일터로 나가게 되면서 아이를 직접 양육할 수 없는 사회적 조건과 맞물리게 된 것이다. 이후 양육과 관련해서 아이를 따로 재우는 문제와 관련해서는 여러 가지 논란이 있어왔다.

하지만 중요한 것은 수유와 더불어 수면은 신생아들의 인지, 정서 발달에 중요한 변수가 된다는 것이다. 신체적으로 환경에 적응할 수 있는 생체 리듬을 형성하는 시기이고, 신체적 접촉, 안정감을 통해서 자아의 발달에 중요한 역할을 하기 때문이다. 실제로 자녀를 상담하고자 하는 부모들로부터 어려서 아이가 잠을 잘 자지 않았다는 이야기를 자주 듣는 편이다.

밤은 아이뿐 아니라 성인에게도 중요한 시간이다. 때로 마음이 서늘하고 이유 없이 불안한 느낌을 갖게 하는 시간이다. 낮에 스트레스를 받고 나면 꿈자리가 좋지 않은 경험을 하기도 한다. 신생아들도 마찬가지이다. 아기가 무슨 스트레스냐고 하겠지만, 큰 일교차, 엄마가 안고 외출하는 것, 집에 손님이 많이 오는 것도 신생아에게는 스트레스가 된다. 이러한 스트레스 후에 수면에 방해를 받을 수 있고, 이때 아이가 표현할 수 있는 것은 울음밖에 없다.

생체리듬이나 모든 환경이 불안정할 때 밤에 숙면을 취할 수 있는 환경을 만들어주는 것, 즉 엄마가 곁에 있다는 것은 아이에게 큰 안정감을 줄 수 있다. 사실 직장생활을 하는 엄마에게는 밤에 아이를 데리고 자는 것이 낮 시간의 결핍을 메워줄 수 있는 좋은 기회이기도 하다. 하지만 현실적으로 그렇게 하기 쉽지 않다. 낮에 직장에서 일하고 밤까지 아이에게 시달려야 한다면 그때는 양육이 아니라 '혹사'일 것이기 때문이다.

특히 오늘날 가장 각광을 받고 있는 '애착(attachment)'이론은 근본적으로 엄마와 아이 간의 친밀감, 특히 신체적인 접촉을 중요시하는 이론적 토대를 가지고 있다. 아이를 따로 재우는 것이 좋다든가 수유도 주기적으로 해야 한다는 육아 이론들이 많이 있었지만, 신생아의 정서발달이나 인지기능의 발달에 엄마와의 따뜻한 신체 접촉이 중요하다는 사실을 감안한다면 일부러 떼어놓을 필요는 없을 것 같다.

혼자 재우느냐, 데리고 자느냐의 선택은 부모 개인의 취향이다. 데리고 자는 것은 부모가 불편한 일이지 아기의 입장에서는 나쁠 이유가 없다. 아이의 독립심에도 문제가 되지 않는다. 예전에는 취학 연령까지 엄마가 끼고 재웠다. 지금도 아이를 데리고 자는 부모, 혹은 문화는 많다. 아기가 자다가 압사하는 것이 아닐까 하는 것들은 부모의 불안일 뿐 통계적으로 아무런 근거가 없다고 한다. 부모가 술에 취하거나 약물의존증이 없는 한, 자면서 서로의 공간을 잘 확보한다고 한다. 이에 대한 절충으로 요즈음 젊은 부모들은 한방에서 아기 침대를 사용해 '따로 또 같이' 자기도 하는 것 같다. 서로 편안하게 자면서 아이를 곁에서 살필 수 있으면 서로 좋지 아니한가.

밤에 잠을 안 자요

밤낮이 바뀌고 이것이 지속되면 부모는 여간 힘들지 않다. 더욱이 밤에 깨어서 지속적으로 울면, 부모의 신경도 예민해져서 아이가 미워지기도 한다. 영유아기에 숙면을 취하지 못하는 것이 아이에게도 큰 스트레스 중의 하나일 것이다. 아마도 타고난 예민함이나 생체리듬의 혼란 등으로 그렇게 되는 것 같지만, 원인이 무엇이든 결과적으로 인지 및 정서 발달에 문제를 야기하는 것은 사실로 보인다.

영유아들은 수면주기가 짧고 불안정하기 때문에 일정 시간 밤에 깨어 있는 경우가 있고, 별일이 없는 한 자신의 수면주기를 찾아간다.

수면의 생리주기

수면에는 렘(REM) 단계와 그렇지 않은 논렘(Non REM) 단계가 있는데, 하루 종일 잠을 자는 신생아들도 이러한 수면 패턴을 반복하게 된다. 성인과 다른 점은, 한 사이클에 걸리는 시간이 짧다는 것이다. 성인의 경우, 한 사이클이 한 시간 반에서 두 시간인데, 신생아의 경우 한 사이클이 50분 정도라고 한다. 신생아가 자주 깨는 이유이다. 이러한 수면 패턴이 어느 정도 자리를 잡기 위해서는 약 3개월 정도가 걸린다고 한다. 흔히, '백일이 지나면 달라진다'고 하는 어른들의 옛말에 이러한 과학적 근거가 있는 것 같다. 백일이 지나면 밤에도 잘 깨지 않고 잘 수 있게 되는 것이다.

수면 및 각성주기는 24시간이다. 사람에 따라 좀 길기도 하고, 좀 짧기도 하다. 소위 우리가 '아침형 인간' 혹은 '야행성'으로 분류하는 기준일 것이다. 우리 사회는 '아침형 인간'을 절대적으로 선호하지만, 어느 정도는 타고난다고 한다. 그래서 꼭두새벽에 출근해야 하는 야행성 회사원들은 나름대로 방법을 강구하면서 살아간다. 주말에 하루 종일 몰아서 잔다든가, 늦게 자야 하는 날은 아예 밤을 꼬박 새우고 출근한다. 새벽에 잠들면 일어나지 못한다는 것을 알기 때문이다. 신생아는 처음엔 불안정해도 1, 2년에 걸쳐 서서히 자신의 하루 수면주기를 찾아간다고 한다. 대체로 24시간 주기를 갖게 되기는 하지만, 24시간보다 좀 긴 경우도 있고, 짧은 경우도 있다.

신생아의 수면주기도 타고난다. 상대적으로 더 잘 자는 아이가 있고, 잠이 없는 아이들도 있다. 대부분의 유아들은 스스로 24시간의 규칙을 찾아간다고 하는데, 그 규칙을 찾는 게 힘든 아이들도 있다. 따라서 부모는 아이마다 다른 이러한 수면주기를 잘 관찰하고, 아이에게 맞는 수면 규칙을 만들어주는 지혜가 필요하다. 첫아이는 잘 잤는데, 둘째는 까다롭다고 호소하는 엄마들이 있다. 타고나는 것이니, 일단은 삼신할미에게 잘 부탁하고 볼일인 것 같다.

어떻게 하면 아이를 잘 재울 수 있을까. 가장 중요한 것은 유아마다 다른 수면주기를 잘 관찰하면서, 나름대로 규칙적인 생활리듬을 만들어주는 것이다. 아이들은 생후 1년 동안 기억력이 발달한다고 한다. 어떤 생활 패턴이 반복되면 아이들은 그것을 기억하고 조건을 형성하게 된다. 어떤 소리가 들리고 나면 그 다음에 무슨 일이 일어나는지를 예측할 수가 있게 된다는 뜻이다. 자기 전에 목욕을 시켜준다든가, 조용한 음악을 반복적으로 틀어준다든가, 조명을 어둡게 해준다든가 하는 것 같은 수면 패턴을 반복적으로 해주면 아이들은 잠자는 것에 대한 조건반사가 형성된다. 실제로 내가 아이들을 키울 때는 잠자리에 들 때 한 가지 클래식 음악을 반복으로 틀어주었던 기억이 있다. 지금도 우리 아이들은 그 음악을 기억한다.

아이들마다 잠자기 전 버릇도 각각이다. 사내아이인 막내가 자기 전에 가끔 이해할 수 없는 행동을 보인 적이 있었다. 잘 때가 되면 누워서 거실 바닥을 빙글빙글 돌았다. 왜 그러냐고 물으면 '에너지가 꽉 찼다'고 했다. 졸리면 열이 나면서 짜증이 나는 것 같았다. 그래서 다음부터는 빙글빙글 돌기 시작하면 다가가서 '에너지 빼자' 하면서 꼭 껴안아 주었다. 그렇게 1, 2분을 씨름하듯 있는 힘껏 안아주면 이제 됐다면서 들어가 자곤 했었다. 낮에 실컷 놀면서 에너지를 소진해야 밤에 단잠을 잘 텐데, 가끔 그 양이 모자랄 때 그랬던 것 아닌가 싶다.

　한동안은 데리고 자기도 했고, 한동안은 세 아이 모두 같은 방에서 재우기도 했다. 어떻게 자든 푹 자는 것이 중요하다 생각했고, 아이들 수면 문제로 고민해본 적은 없었던 것 같다.

　밤에 울어도 절대로 달래서는 안 된다, 습관을 들이기 위해서 안아주면 안 된다고 하는 경우도 있다. 하지만 처음에 무엇 때문에 울었는지에 관계없이, 시간이 지날수록 아이는 자기 울음에 더 놀라게 되고 두려움이 증폭된다.

　우울증으로 심리치료를 받는 한 내담자는 어려서 부모의 방문 앞을 서성거리던 것을 기억하곤 한다. 들어가면 혼났던 기억이 있어, 베개 들고 방문 앞에서 땀을 뻘뻘 흘리며 서있던 것을 기억한다. 그래서 아직도 비가 오거나 우울한 날은 수면제를 복용한다. 자다가 깨어도 갈 곳이 없다는 것을 알기 때문이다.

　원인이 무엇이든 수면 문제로 아이와 부모가 힘들어지면 복잡한 역동에 얽히게 된다. 밤에 아이가 자지 않으면 말할 수 없이 밉다. 난감한 것은 이때 미워진 아이에 대한 마음이 잘 회복되지 않는 것이다. 실제로 청소년을 데리고 온 부모는 언제부터 아이가 미웠느냐는 질문에 신생아 때부터라고 하는 경우가 드물지 않다. 잠도 잘 자지 않고 잘 울고 보채서 갓난아이 때부터 예쁘질 않았다고 한다. 남편은 다른 방에서 잠을 자고, 이때부터 남편과도 멀어지고 아이도 미워졌다고 하는 부모도 있다.

배고픈 건 싫어요 —— 수유

•••

아기가 원할 때마다 수유를 해주어야 하는가, 일정 시간 간격으로 주어야 하는가는 누구든 쉽게 대답할 수 없는 질문이다. 규칙적으로 주는 것이 좋다고 하는 사람들은 그래야 아이의 위장이 튼튼해진다고 주장한다. 하지만 우리가 경험하듯 배고픔이 그 자체로 얼마나 스트레스인가를 생각해보면, 튼튼한 위장을 위해 아이를 울도록 놔두는 것이 얼마나 도움이 될까 싶다. 분명한 것은, 배가 고플 때 아이들은 이것을 불쾌감이나 고통으로 경험하게 되며, 이것이 마음속에 그대로 채색이 된다는 사실이다. 그리고 이러한 경험들이 자아 형성과정에 영향을 미치게 된다. 우리가 자주 말하는 '자아'는 거대한 비밀 속에서 형성되는 것이 아니라, 영유아의 사소한 일상적 경험을 통해서 축적된다.

이유식/ 편식

젖을 어느 정도 떼고 나면, 많은 엄마들이 밥숟가락을 들고 쫓아다니기 바쁘다. 식습관은 아이의 성장과 직결되기 때문에 '잘 먹는 일'이 부모로서는 필사적인 일이 되기도 한다.

아이들은 대체로 4개월부터 섭식 운동능력이 발달한다. 따라서 이때부터 음식물을 삼킬 수 있으며, 탄수화물을 소화시킬 수 있는 능력이 발달된다. 대략 생후 6개월 정도면 무난히 이유식을 할 수 있다. 이유식을 시작하면 걱정되는 것은 수많은 먹을거리 중 우리 아기에게 먹일 수 있는 것이 얼마나 되느냐이다. 유기농과 같은 청정식품은 둘째치고도, 설탕, 인공감미료, 식품첨가물 등에 노출되지 않은 먹을거리를 찾기가 쉽지 않다. 대체로 시중에서 파는 이유식은 25% 정도의 설탕이 들어가며, 거의 대부분 식품첨가물이 들어간다고 보면 된다.

정성들여 만든 '엄마표' 이유식을 아이가 잘 먹어줄지도 걱정거리인 경우가 있다. 넙죽넙죽 잘 받아먹는 아이가 있는가 하면, 숟가락 들고 숨바꼭질을 해야 하는 아이도 있다. 아이가 싫어하는 음식을 찾기가 쉽지 않을 때도 있다.

인간이 가장 맛에 예민한 시기는 신생아 때라고 한다. 인간은 대략 일만 개의 미뢰를 가지고 태어나는데 자랄수록 차츰 줄어들어, 성인이 되면 약 삼천 개의 미뢰로 미각을 느낀다고 한다. 따라서 신생아일수록 맛에 더 민감하고, 낯선 음식에 대한 거부감도 크다고 할 수 있다. 생존 본능인 것 같기도 하다. 단맛과 쓴맛에도 어른보다 훨씬 더 민감하다. 이유식에 채소를 갈아주면 잘 먹지 않는 이유가 어른들이 잘 느끼지 못하는 쓴맛을 유아들이 더 잘 느끼기 때문이라고 한다. 따라서 영양을 생각해서 온갖 재료를 넣는 것은 입 짧은 아이들에게는 역효과일 수 있다. 더욱이 아이가 어떤 재료에 거부감을 보이는지 찾을 수가 없다. 기본적인 천연 국물을 만들어

놓고, 하나씩 첨가하면서 아이가 좋아할 만한 것들을 찾는 것이 중요하다. 아이들의 식성은 엄마 아빠를 닮는다고 하니 부부가 좋아하는 것, 싫어하는 것을 적어두고 하나씩 첨가하면서 잘 먹는 것을 찾아가는 것이 좋을 것이다.

단맛과 식품첨가물

아이들의 식습관을 형성하는 데 가장 경계해야 하는 것이 단맛과 식품첨가물이다. 단맛에 먼저 길들여지면 다른 음식을 먹지 않아 편식으로 이어질 수 있기 때문이다. 시판되는 주스에 설탕이 많이 들어가는 것은 누구나 아는 상식이고, 과일도 너무 달면 아이들이 단맛에 길들여지게 하는 이유가 된다.

사실 아이들에게 단것을 먹이지 않는 것은, 어른들을 알코올에 노출시키지 않는 것만큼이나 어렵다. 내가 먹이지 않아도 유치원이나 주변 사람들은 너무나 쉽게 아이들에게 단것을 권한다. 아이들이 좋아하는 초콜릿, 사탕, 아이스크림에는 이당류라는 당류가 많이 들어있는데 이것이 단것에 대한 중독을 가져오게 한다.

아이들이 단맛을 좋아하는 것은 후천적인 학습이 아니라 엄마의 식습관과 관련이 있다고 말한다. 아이들이 좋아하는 소시지, 햄 등에도 설탕이 들어가며, 보통 케첩에는 20%, 피자에는 30%, 양념치킨에는 40% 정도의 설탕이 들어간다고 한다. 알고 나면 먹일 수 있는 게 없다. 우연히 먹기 시작하는 이유식이나 간식 때문에 부모도 모르는 사이 단맛에 길들여지게 되고, 특히 선천적으로 입이 짧고 소화기능이 약한 아이들은 밥을 멀리할 수밖에 없을 것이다.

전문가들은 아이의 잘못된 식습관이 대부분 부모의 양육방식에서 비롯된다고 한다. 임신이나 모유 수유기간 중의 음식 섭취 습관, 이유식 진행형태, 부모가 음식을 대하는 태도, 식사 분위기, 부모와 아이의 애착관계 등에서 문제가 생기면 그것이 아이의 식습관에 그대로 영향을 미친다. 이로울 것이 없는 먹을거리로부터 우리 아이들을 지키는 방법은 일단 집에 사들이지 않는 것이다. 과자는 물론 아이스크림, 주스도 사놓지 않는 것이 좋다. 청량음료도 처음부터 집에서 먹이지 않는 것이 좋다. 밖에서 먹고 오는 것이나 한두 번 아빠의 사랑으로 사주는 것은 어쩔 수 없지만, 기본적으로 집에 쌓아두지 않으면 큰 힘 들이지 않고 습관을 들일 수 있다. 먹고 싶어 하면 그때 그때 한 개씩만 사주면 된다.

세상은 형형색색 맛있는 것 천지다. 더구나 각 먹을거리 회사들은 소비자의 입맛을 사로잡기 위해서 맛있다고 느낄 수 있는 온갖 향신료들을 개발하고 사용한다. 아이들을 위해 엄마가 할 수 있는 최선은 집에서라도 가급적 '노출시키지 않는 것'이 중요하다고 나는 생각한다.

원칙을 지키는 것은 중요하지만 모든 원칙에는 예외가 있다. 아무리 원칙을 정했어도 아이가 너무 원하면 일단 들어주는 융통성이 필요하다. 누구나 방과 후 불량식품의 추억을 가지고 있듯, 먹고픈 것을 못 먹으면 참 불행하다. 그러니 융통성이 필요하다. 그게 서로를 위해서 더 편하다. '강박의 회로'로 들어가지 않는 길이기 때문이다. 원칙은 그저 그어놓은 선일 뿐이다. 넘을 수도 있고, 넘는다 해도 할 수 없다. 하지만 시간이 오래 지나면 그곳에 선이 있다는 것을 아이들은 알게 된다.

엄마가 아니에요 ── 낯가림

••••

생후 8개월에서 10개월 정도가 되면 낯선 사람을 보고 울기 시작한다. 인지기능이 발달해서 엄마와 엄마가 아닌 사람을 구분할 줄 알게 된다는 것이다. 신생아의 시력은 0.1디옵터 정도다. 빛의 강약, 물체가 있다 없다 정도만 알 수 있을 뿐이다. 시력과 인지기능이 발달하면서 매일 내게 기쁨을 주는 엄마와 그렇지 않은 타인을 구분할 수 있게 되는 것이다.

'가림이'는 생후 5개월 때 엄마 아빠와 떨어져 지내야 했다. 엄마 아빠가 외국에 가야 했기 때문이다. 반년 후에 엄마를 처음 본 순간, 막 울면서 할머니 등 뒤로 갔다. '엄마 아니야.' 그 후 엄마를 따라 다시 외국에 갔고, 1년 반쯤 후에 돌아왔다. 이후 할머니를 못 알아봤다. 뿐만 아니다. 한 손은 엄마를 잡고, 다른 한 손은 아무도 잡지 못하게 뒷짐을 지고 다녔다. 할머니와 친척들이 아무리 손을 잡으려 해도 눈길 한 번 주지 않았다. 한동안 엄마 치맛자락을 붙잡고 어디든 따라 다녔다. 엄마가 앉으면 같이 앉고, 일어서면 같이 일어섰다.

이 경우 전자는 '낯가림(strange anxiety)', 후자는 '분리불안(separation anxiety)'
이다. 주 양육자와 아닌 사람을 인지적으로 구분하는 것은 낯가림이다. 반
면 분리불안은 대상에 대한 애착이 심한 나머지 잠시도 떨어져 있지 않으려
고 하는 것으로 2세 전후 일시적으로 나타나는 반응이다.

낯가림은 엄마와 엄마가 아닌 대상을 구분할 수 있게 된다는 점에서,
중요한 대상과 관계를 형성할 수 있는 능력이 발달했다는 것을 의미한다.
이때부터 엄마를 마음속에 내재화하고, 엄마에 대한 애착을 형성할 수 있
게 된다. 유아의 정서세계에서 엄마의 존재가 중요해지기 시작했다는 것이
다. 미국의 정신분석가 르네 스피츠(Rene Arpad Spitz)는 대상을 내재화한 후에
야 비로소 리비도적인 애착관계를 형성하게 된다고 하였다. 이제는 엄마에
게 애착을 보이고, 그 엄마와의 관계를 토대로 자아를 형성해 나가게 된다.

뇌를 자극해주세요 —— 성장

·····

신체활동

100일이 지나면 영아들은 깨어있는 시간이 많다. 엄마와 놀 수 있는 시간이 많아진다는 뜻인데, 이때 영아가 신체적으로 움직일 수 있도록 도와주는 것이 좋다. 신체자극이 두뇌활동으로 이어질 수 있으므로 기저귀 갈아줄 때 쭈까쭈까도 해주고, 가끔 손으로 등도 쓸어주고, 이리저리 움직일 수 있도록 도와주면 아이들은 좋아한다.

우리 두 딸아이 모두 키가 169cm이다. 부모를 닮았느냐. 글쎄, 내가 데리고 나가면 '아빠 닮아서 키가 큰가 봐요.' 하고, 아빠가 데리고 나가면 '엄마 닮았나 봐요' 한다. 어려서 자고나면 항상 쭈까쭈까를 해주었다. 아이들이 너무 좋아해서 클 때까지 해주었다. 어느 책에선가 무릎 어디에 있는 성장판을 자극해주면 좋다고 해서 정성들여 해주었던 기억이 난다. 어떻게 하면 키가 크느냐고 물으면 이 방법을 말해준다.

늦잠 자는 문제로 아이와 실랑이를 벌이는 학부모에게도 이 방법을 권한다. 몇 번 깨우다보면 아침부터 언성이 높아지게 되는데, '오 분 후에 일어나자' 하고 시간이 되면 아이 방에 다시 들어가서 발부터 천천히 마사지

해주면서 기지개를 켤 수 있도록 도와준다. 천천히 잠도 깰 수 있고, 기분도 좋아진다.

엄마의 목소리

영아에게 가장 친숙하며 감정을 가장 잘 느낄 수 있는 것이 엄마의 목소리이다. 실제로 아이가 울 때 엄마 목소리가 들리면 우는 소리가 잦아드는 것을 엄마들은 경험으로 알 것이다. 정서적으로 가장 안정을 줄 수 있는 것이 엄마의 목소리이며 언어 발달에도 엄마 목소리가 가장 효과적이라고 한다. 외국에서는 언어를 가르치는 비디오가 언어 발달에 도움이 되지 않는다는 말에 비디오를 제작한 회사가 법적 대응을 한 사건이 있었다고 한다. 이 비디오가 도움이 되지 않는다고 주장한 이유로는 아이가 어떻게 언어를 배우는지에 대한 이해 부족을 들었다. 아이는 사람의 입모양을 보고 발음을 익힌다고 한다. 경험해 본 사람들은 잘 알겠지만, 엄마가 말을 할 때 아이는 유심히 쳐다본다. 따라서 화면으로 이미지화해서 보여주고, 청각으로 발음이 들어오는 비디오 형태는 아이 언어발달에 전혀 도움이 되지 않는다는 것이다.

아이의 눈을 바라보고 감정을 담아서 하는 엄마의 친숙한 목소리야 말로 아이의 언어발달에 가장 효율적이지 않을까.

음악

태아는 음악의 종류에 따라 다르게 반응한다. 뇌 연구를 통해 밝혀진

바에 따르면, 음악이 혈압, 맥박, 근육의 전기반응에 직접적으로 영향을 미칠 수 있다고 한다. 최근의 연구에 따르면 음악이 대뇌피질의 뇌세포간 연결을 만들고 강화하는 데 도움을 줄 수 있다고 한다. 모차르트 효과[1]와 관련하여 캘리포니아 주립대학의 고든 쇼우 박사는 복잡한 클래식 음악을 듣는 것이 전두엽피질을 더 많이 자극한다고 보고하였다. 물론 전두엽피질은 고등 사고기능을 담당하며 3세경부터 주로 발달하는 것으로 되어 있지만, 내 개인적 경험으로 음악이 아이를 키울 때 여러 가지로 유익했다고 믿는다.

결혼한 후 마침 남편이 학위 논문으로 태아가 음악의 종류에 따라 다르게 반응한다는 것을 직접 실험했고, 신기하게도 다르게 반응한다는 결과를 얻었다. 해서 태아 때부터 음악을 열심히 들었다. 깨어있을 때와 잠잘 때에 맞춰 다른 리듬을 음악을 들려주곤 했다. 특히 아이들이 잠잘 때 항상 같은 음악을 반복해서 틀어주곤 했는데, 불 끄고 그 음악을 틀어주면 으레 자는 줄 알았던 것 같다. 지금도 우리 아이들은 밖에서 우연히 그 음악을 듣게 될 때 반가워한다. 또 한 가지 재미있었던 경험은 큰아이가 두세 살 무렵 어려운 노래를 곧잘 흥얼거리고 다녔는데, 특히 이탈리아 가곡인 '여자의 마음'을 1절은 한국말로, 2절은 이탈리아 말로 부르고 다녔다. 어

---

[1] 1993년 미국의 한 TV 토크쇼에서 캘리포니아 주립대학교의 프란세스 로셔 박사와 고든 쇼우 박사가 대학생을 대상으로 한 실험에서, 모차르트 음악을 들은 후 시공간 추리 능력이 일시적으로 향상되었다고 보고했다.

려서부터 자주 들려주던 테이프에 담긴 노래였다. 아장아장 걸으면서 '여자의 마음은 갈대와 같다'고 읊조리고 다녔다.

기억력은 생후 초기부터 시작되고, 청각 기억도 그중의 하나이다.

구강기

신체적인 변화와 발달은 쉽게 눈에 띄기 때문에 이해하기 그리 어려운 일이 아니지만, 마음의 발달을 이해하는 것은 쉽지 않다. 육아서나 발달 관련 책들을 보면 '자아', '자존감', '자아의 성숙', 이런 단어들이 쉽게 눈에 띄는데, 이들은 '보이지 않은 마음의 과정'을 함축하는 단어여서 의미가 깊고, 이해하는 과정이 쉽지 않다.

발달을 연구하는 학자들의 이론들을 종합해보면, 아이의 마음은 타고난 성향을 토대로 환경, 특히 엄마와의 상호작용을 통하여 발달한다고 본다. 프로이트는 기본적으로 아이들이 '리비도'와 '공격성'을 타고난다고 하였다. 반면 위니콧과 같은 대상관계 이론가들은 '아이의 마음은 백지에서 출발하며 엄마와의 상호작용을 통해서 마음이 채색되어간다.'고 하였다. 이 입장에서 공격성은 타고난 성향이라기보다 '욕구에 대한 좌절'의 결과라고 보았다. 엄마와의 관계 속에서 충분한 만족을 얻지 못할 때 공격성이 생긴다는 것이다. 어디서부터 시작된 것이든, 부모와의 상호작용을 통해서 아이의 마음이 채색되어간다는 사실에는 누구도 부정하지 않는다.

마음이란 '자아'라는 말로도 표현할 수 있을 것이며, 마음의 발달이란 '자아의 성숙'이라는 말로 바꿀 수 있을 것이다. 자존감이 높다는 것은 자아가 제대로 성숙했을 때를 일컫는 말이다. 이때 '자존감'은 우리가 말하는 '자존심'과는 전혀 다른 개념이 된다. 흔히 사용하는 '자존심이 강하다', 혹은 '자존심이 세다'는 표현은 취약한 자존감을 방어하기 위한 방패막이일 수도 있다.

그렇다면 마음 즉, 자아란 어떻게 형성되는 것일까. 가장 간단하게 설명하면, 신체적 경험을 통하여 형성된다고 보면 된다. 앞에서 설명했듯, 위니콧 등은 '신체를 통해 느껴지는 것이 그대로 마음속에 채색이 된다'고 하였다. 그것이 무엇이든 신체의 균형을 깨트리는 것은 불쾌감이나 고통과 같은 나쁜 감정으로 지각되며, 이 또한 고스란히 마음속에 채색된다는 것이다.

예컨대 배가 고플 때 신생아는 신체적 균형이 깨지게 될 것이며, 이것이 고통으로 느껴질 것이다. 배가 부르면 다시 신체적 균형 상태로 되돌아올 것이며 이 또한 기분 좋은 느낌으로 채색될 것이다. 그것이 어떤 것이든 신체적인 균형 상태는 기분 좋은 느낌, 즉 즐거움이나 행복함으로 채색되고, 이것이 건강한 자아를 형성하는 토대가 된다는 것이다. 이 이론을 토대로 한다면, 유아의 수유를 규칙적으로 하기 위해 울도록 둔다든가, 밤에 아이가 울어도 그대로 두어야 한다는 말은 다시 한 번 재고할 필요가 있을 것이다.

1   0~3개월: 태어나도 자궁 속에 있는 시기(정상적 자폐기)

신생아의 시력은 약 0.1디옵터 정도다. 즉 형체가 뚜렷이 보이지 않는다는 뜻이다. 신생아들이 맛, 소리, 냄새, 빛, 촉각 등에 반응할 때, 구강과 관련된 감각들은 매우 민감하지만 이것의 출처나 지각의 근원은 뚜렷이 알지 못한다. 아직 사람으로부터 오는 자극과 사람이 아닌 것으로부터 오는 자극을 구분하지 못한다. 자기 안과 밖도 잘 구분하지 못한다. 배가 고프면 짜증나고 채워지면 편안해진다. 기저귀가 젖으면 불편하고 뽀송뽀송해지면 기분이 좋아진다. 누군가가 이것을 돌보아주고 있다는 사실에는 관심이 없고, 인지하기도 어렵다. 그 누군가를 알게 되는 것은 한참 후의 일이다. 프로이트는 이 시기를 '일차적인 나르시시즘 primary narcissism'이라고 하였고, 말러나 다른 사람들은 '정상적인 자폐기 normal autistic phase'라고 하였다. 즉 신생아는 아직도 자궁 내부에 있는 듯, 현실로부터 차단된 폐쇄적인 심리체계를 유지한다.

이 시기의 신체적 안녕감이 자아 형성의 핵을 이루게 된다. 나를 돌보아주는 대상이 누구인지는 몰라도 신체적 편안함은 자아 형성에 중요한 영향을 미치게 된다는 것이다.

2　　　　　　3~12개월: 엄마와 나만 존재하는 시기(정상적 공생기)

신생아가 시력이 발달해서 사물이 조금씩 보이고, 인지기능이 발달하기 시작하면 나를 돌보아주는 대상을 감지하며, 그것이 '엄마'라는 이름을 갖는 대상이라는 것을 알게 된다. 그리고 엄마를 자신의 세계 속으로 들어오게 한다. 그렇게 되면 외부세계와는 여전히 단절되어 있지만, 엄마와 나는 마치 하나의 알 속에 같이 있는 것처럼 느끼게 된다. 땅콩 속에 있는 두 개의 알처럼 세상에 엄마와 나만 존재하게 되는 것이다. 이것을 '정상적 공생기|normal symbiotic phase'라고 한다.

8개월쯤 되면, 피아제가 말하는 대상항상성object constancy이 생기게 된다. 인지기능이 발달하면서 눈에 보이지 않는 곳에 인형을 두어도 그곳에 인형이 있다는 것을 안다는 뜻이다. 낯가림도 시작된다. '낯을 가린다'는 의미는 '내 엄마'가 누구인지 알아보기 시작했다는 뜻이다. 엄마의 존재가 중요해지기 시작하고, 둘 간의 관계에서 감정의 교류가 이루어지기 시작한다. 이것이 기어다닐 수 있는 신체적 능력과 맞물리면서 엄마를 매개로 세상을 탐색하기 시작한다. 유아들은 어머니의 정서 신호를 안전 혹은 불안전의 지표로 사용하게 된다. 낯선 환경에서 엄마가 괜찮으면 아이도 괜찮고 엄마가 불안해하면 아이도 불안해진다. 이처럼 불안과 같은 정서들을 갈등이나 위험의 신호를 사용할 수 있는 능력은 유아의 정서 행동에 대한 어머니의 반응에서부터 시작된다. 즉, 아이가 느낌을 표현할 때 어머니가 이에 적절하고 일관되게 반응해주면 이러한 능력이 생기게 되는 것이다. 영국의 심리분석가 존 보울비는 이것이 '안정된 애착secure attachment'의 기초가 된다고 하였다.

3　　　　　　12개월 이후: 엄마 손을 잡고 세상 밖으로(부화과정)

일정 기간 알을 품은 후 병아리가 그 껍질을 깨고 나오는 순간을 '부화한다'고 한다. 세상에 엄마와 나만 존재한다고 생각한 아이가 그 막을 깨고 세상 밖으로 나오는 것을 '심리적 부화 과정'이라고 한다. 인지기능이 발달하고, 걷기 시작하면서 엄마와 나는 독립된 개체이고, 세상에는 이 둘 말고도 많이 대상이 존재한다는 사실을 깨닫기 시작한다. 심리적으로 세상 밖으로 나오는 시기이다. 대략 돌이 지나면 아이는 그때부터 자발적으로 환경을 탐색하기 시작한다. 주변에 있는 것들에 관심을 보이기 시작하고, 세상에 대한 호기심을 갖기 시작한다. 엄마의 품속에 있기보다는 아장아장 걸어가서 관심사를 탐색하기 시작한다. 엄마로부터 떨어져도 심리적으로 크게 불안을 느끼는지의 여부는 엄마의 정서적 안정성과 관계있다. 아직은 엄마와 마음의 끈으로 연결되어있기 때문이다.

이처럼 생후 1년 정도까지는 엄마와 내가 세상의 중심이며, 신체적으로는 분리되어 있지만, 심리적으로는 절대적으로 의존된 상태다. 따라서 이 시기에 엄마가 우울하면 아이도 우울감을 갖게 되며, 엄마가 불안하면 아이도 그 불안을 그대로 느끼게 된다. 보울비는 아이가 안정된 애착을 갖느냐, 불안정한 애착을 갖느냐의 여부는 이처럼 엄마의 정서적 상태나 보살핌과 관련이 있다고 하였다.

항문기

고집이 시작되는 시기(1~3세)

생후 1년 반 정도가 지나면 항문의 괄약근이 발달하기 시작한다. 이 시기에 아이들은 두 가지 중요한 발달 과정을 거치게 된다. 첫째는 인지기능으로서 협응능력이 발달한다. 사물을 만져보고 그것을 손이나 다른 신체기관을 통해 검증하려고 하는 시기이다. 그리고 이러한 운동 기능을 통해서 뇌세포가 활성화되고, 뉴런과 신경망이 발달하게 된다. 쉽게 표현하면 '지능'이 발달하는 것이다. 그래서 이 시기의 아이들에게는 호기심을 가지고, 직접 만져보는 경험이 매우 중요하다.

둘째는 감정이 차츰 분화되면서, 특히 공격성이 발달하게 된다. '싫다'는 말을 자주 하고 고집을 부리는 시기이다. 공격성은 사랑이라는 감정과 더불어 감정의 양대 산맥을 이루는 매우 중요한 축이다. 무언가 하고 싶다는 동기나 에너지의 상당 부분이 여기에서 나온다. 따라서 아이의 고집이나 공격성은 없애야 할 그 무엇이 아니라, 방향을 잘 잡아주어야 하는 중요한 삶의 원동력이다.

배변훈련

•

대체로 생후 1년 6개월 전후면 유아의 항문에 괄약근이 발달하기 시작
한다. 괄약근이 발달한다는 것은 배변을 참았다가 내놓을 수 있다는 것을
의미하고 기저귀가 필요없다는 것을 의미할 것이다.

신체적으로 괄약근이 발달하는 시기보다 일찍 배변훈련을 시작하면 아
이는 자신이 할 수 없는 일을 강요받기 때문에 스트레스를 받게 될 것이
다. 이로 인한 불안감이 지속되면 무슨 일을 시작할 때 자신이 할 수 없다
고 생각하거나 따라서 강박성향이나 자신감 없는 아이로 성장할 가능성이
높다.

"내 똥 내놔"

아동치료 사례발표에서 놀이치료를 받는 아이가 자신의 변을 변기에
흘려보내는 것을 보고, '내 똥' 내놓으라고 울고불고 한다는 이야기를 들
은 적이 있다. 아직도 그러한 동화가 있는지 모르겠지만 우리 아이를 키울
때 읽었던 책 중에 대변을 보고 '변 친구'에게 잘 가라고 손을 흔들어 이별
하는 내용을 기억한다. 대소변을 가릴 줄 알게 되는 것은 엄마들에게 젖병

떼기와 더불어 '학수고대하는 소망' 중 하나다. 일손이 훨씬 덜어지기 때문이다. 육아 경험이 처음인 엄마들은 언제 배변훈련을 해야 하는지 고민스러울 수 있고, 때로 무리하게 배변훈련을 시키는 경우가 있다.

멜라니 클라인에 의하면 유아들은 모든 것을 대상으로 여기고(자신의 신체 일부조차도), 이것을 이야기로 만드는 경향이 있다고 하였다. 특히 자신의 내부에 있는 '변'은 중요한 대상이 된다. 자신의 일부로 생각할 수도 있고, 가지고 놀고 싶은 대상이 될 수도 있다. 누군가가 가르쳐주기 전에는 변이 더럽다는 생각을 못할 것이다. 때로 변을 내보내는 것을 두려워할 수도 있다. 특히 수세식 화장실처럼 물이 회오리를 일으키며 변이 어딘가로 빨려들어가는 장면이 이 시기의 아이들에게는 두려움이 되기도 한다. 따라서 동화에서처럼 자신의 배설물과 '잘 가, 내 친구' 놀이를 하는 것이 필요할 때도 있다.

언제 배변훈련을 시작하는 것이 가장 좋은가. 대체로 어느 시기가 되면 엄마도 아이도 자연스럽게 알게 된다. 배변 간격이 길어진다든가, 변의 모양이나 힘을 주는 것이 어느 정도 모양새를 갖추기 시작하면 괄약근이 발달하고 있다는 증거다.

배변훈련이 잘되지 않는 경우에는 무엇보다도 먼저 엄마가 너무 애쓰려고 하지 않는 것이 중요하다. 아이마다 시기가 다를 수 있으므로 느긋하게 기다려주는 것이 가장 중요하다. 어른들도 스트레스를 받으면 변비가 생기듯, 아이들도 스트레스를 받으면 변비가 생길 수 있다. 아이가 변을 변기에 보지 않으려고 하면 그 이유가 무엇인지를 살펴보는 것이 좋을 것이다.

특히 이 시기부터는 감정의 분화가 좀 더 다양하게 이루어지는데, 특히 '화'나 '공격성'이 좀 더 구체적으로 발달하는 시기이다. 차츰 말을 듣지 않는다는 뜻이다. 무언가 불편하면 그냥 울기만 하던 시기에서 '안 해', '싫어' 같은 말을 자주 하고 쓸데없는 '고집'을 부리기 시작한다.

싫어요!

..

젖병 떼고, 기저귀 떼고 한숨 돌리겠다 싶으면 또 다른 숙제가 기다리고 있다. 아니 어쩌면 본격적인 전쟁의 시작이라고 표현하는 것이 맞을지 모르겠다. 제 몸 추스를 수 있을 만큼 키워놓으면 저 하고 싶은 대로 하려고 한다. 해서는 안 될 '말 짓'을 하기 시작한다. 장난감을 있는 대로 꺼내 놓지를 않나, 애써 정돈해놓은 서랍을 뒤지지 않나, 엄마가 뭘 하고 있으면 무조건 자기가 하겠다고 우기지 않나, 사람 많은 곳에서 막무가내로 떼를 쓰지 않나.

정상발달이다. 인지기능이 발달하니 사물에 대한 호기심이 생기고, 운동 기능이 발달하니 무언가를 해보고 싶으나, 판단기능이 아직 없으니 혼날 일만 골라서 하게 된다. 더욱이 신체적으로 위험할지도 모르는 일을 할 때에는 너그러운 부모마저 간이 콩알만 해진다. 특히 점점 고집을 부리기 시작하기 때문에 이 고집을 꺾어야 할지 두어야 할지 난감한 경우도 있다.

이 시기에 아이들의 발달과정과 더불어 두 가지를 꼭 알고 넘어가는 것이 필요하다. 첫째는 인지기능으로서 협응능력이 발달하는 시기라는 점이다. 구강기의 아이들은 모든 사물을 입으로 가져간다는 말을 했었다. 그래야 이것이 무엇인지를 확인할 수 있기 때문이다. 항문기는 사물을 만져보고 그것을 손이나 다른 신체기관을 통해 검증하려고 하는 시기이다. 그리고 이러한 운동 기능을 통해서 뇌세포가 활성화되고, 뉴런과 그것을 잇는 신경망이 발달하게 된다. 즉 '지능'이 발달하고 있는 것이다. 그래서 이 시기의 아이들에게는 호기심을 가지고, 직접 만져보는 경험을 하는 것이 지적발달에 매우 중요하다. 이 시기의 아이들에게는 세상이 온통 호기심 천국이다. 단, 판단기능이 아직 미약하기 때문에 위험에 노출되지 않도록 주의를 하는 것이 매우 중요하다.

둘째는 감정이 차츰 분화되기 시작한다는 것이다. 특히 공격성이 발달하는 시기이다. 그래서 프로이트는 '항문 공격성'이라는 표현을 하였다. 공격성이 훨씬 이전부터 발달한다는 학자들도 있으나[2] 대체로 이 시기부터 감정이 분화되면서 공격성이 발달하는 것으로 보는 것이 지배적이다. 앞에서도 언급했듯이 공격성은 사랑이라는 감정과 더불어서 감정의 양대 산맥을 이루는 매우 중요한 축을 이룬다. 무언가를 하고 싶다는 동기나 에너지의 상당 부분이 여기에서 나온다. 공격성이라는 표현이 우리에게는 그리 긍정적으로 받아들여지지 않는 경우도 있지만, 자기주장을 하고, 자신이 생각한 바를 관철시키는 힘도 이곳에서 시작된다.

---

[2] 일찍이 프로이트의 동료 중의 한사람이었던 칼 아브라함은 구강기 후반기에 구강기 공격성 (oral aggression)이라는 표현을 썼고, 멜라니 클라인은 생후 초기부터 갖고 태어나는 것이라고 하였으나, 이디스 제이콥슨. 오토 컨버그 등은 초기에는 감정이 분화되지 않은 상태로 있다가 차츰 분화되어간다고 주장하였다.

영어로 'aggressive'는 '공격적이다'는 말로 표현할 수도 있지만, '자기주장적이다'라고 표현할 수도 있다. 앞에서도 언급했듯이 우리는 문화적으로 이 부분에 좀 취약한 것 같다. 미국의 교육은 '자기주장적'이도록 가르친다. 창의력과 그것을 관철시키는 힘이 여기에서 나온다고 여기기 때문이다. 우리도 교육의 이념을 바꾸려고 많이 노력하는 중이지만 관습이 하루아침에 바뀌기는 좀 어려운 것 같다.

그렇다면 이 시기에 나타나는 아이들의 고집을 어떻게 다루는 것이 좋은가. 우선 이것이 지극히 정상발달이라는 것을 부모가 인식하는 것이 중요하다. 그리고 아직 판단능력이 없기 때문에 혼을 내거나 체벌을 하는 것이 도움이 되지 않는다. 판단기능은 대뇌피질, 특히 전전두엽에서 담당하는데, 이것은 3세가 지나야 본격적으로 발달한다고 한다. 그러니 화를 내는 부모만 답답하고, 아이는 '엄마가 나를 미워해'라고 느낄 뿐이다.

이 시기에는 놀이방을 보내기에도 부모 마음이 편치 않을 시기이니, 가급적 집 안을 아이 중심으로 만들어 주는 것이 가장 좋은 해결책이라고 나는 생각한다. 위험한 물건들은 손에 닿지 않는 곳에 두고, 가구의 모서리는 천이나 부드러운 것으로 한번 감싸주고, 이 시기의 아이를 키울 때는 깔끔하게 살 생각은 버리는 것이 현명할지도 모르겠다.

사람들이 많이 모이는 장소에는 가급적 아이를 데리고 가지 않는 것이 좋다. 아이에게는 고통이요, 주위 사람들에게는 민폐다. 사실 아이를 키워보지 않은 사람들은 엄마들의 육아 스트레스를 잘 모른다. 바람도 쐴 겸 옆집 엄마들과 쇼핑가는 것이 낙이라면 낙이다. 전시회나 박물관도 가고 싶지만 쉽지 않다. 그런 곳에 가서 아이와 힘든 경험이 있다면 맡겨두고 가는 것이 좋다. 내 기억에도 아이가 어렸을 적에는 친가와 외가 외에는 거의 가본 곳이 없었던 것 같다.

고집이 너무 센 우리 아이

육아를 막 시작하는 엄마들의 공통된 소망이 있다면, 젖병과 기저귀로부터 해방되는 것일 것이다. 하지만 어느 정도 마음 좀 놓일 만큼 크고, 걸음마를 시작하면 '누워있을 때가 편했다'는 생각이 들 때가 많다. 가장 다루기 어려운 것 중의 하나가 '고집'이다. 그것도 말도 안 되는 생떼.

인간이 영장류의 으뜸이 될 수 있었던 이유 중 하나는 직립보행이다. 다른 동물들이 사지를 모두 이동하는 데 쓸 때, 인간은 그중 절반만 쓰고, 나머지 절반은 도구를 만드는 데 사용했다. 아이가 직립보행을 하게 되었으니 얼마나 의기양양하겠는가. 누워서는 천장밖에 볼 수 없었는데, 시야의 각도가 달라지니 세상이 얼마나 경이롭겠는가. 온통 새롭고 뭐든 할 수 있을 것 같은데, 내 맘대로 되는 것이 없으니 그 얼마나 답답하고 좌절스럽겠는가.

더욱이 앞에서 말했듯이 이 시기는 감정이 차츰 분화되는 시기여서 공격성이 본격적으로 발달하는 시기이다.

이러한 항문기적 갈등을 잘 해결하는 것은 향후의 성격발달에 큰 영향을 미치는 것으로 보고 있다. 예컨대 질서정연하고 깔끔한 것을 추구하거나 더러운 것을 혐오하는 행동을 보이는 성인은 이러한 항문기적 갈등이

해결되지 못한 채 남아있는 것으로 본다. 매사에 너무나 양심적이고 정확한 것 또한 항문기에 나타나는 규칙성에 대한 집착의 부산물일 수 있다.

무언가 순서를 정해놓고 그것에 어긋나면 떠나가도록 우는 아이들, 더러운 것이 조금만 묻어도 달려와 닦아달라고 하는 아이들, 이런 모습들은 항문기적 갈등으로 이해된다. 이 시기에 나타나는 것은 일시적이고 지나가는 경우가 많다. 그 행동 안에 있는 갈등이나 불안이 무엇인지를 찾아보면 된다. 다만 학령기에 접어들면서도 이러한 행동이 줄어들지 않으면 그때는 검토해볼 필요가 있다. 예컨대 글씨를 쓰다가 잘 안 써지면 찢어내고 다시 써야 하는 아이들, 학용품에 뭐가 묻으면 다시 사야 하는 아이들, 무언가 잘못되면 다 망가트리고 처음부터 다시 해야 하는 경향을 보이면, 해결되지 않은 항문기적 공격성이나 불안이 남아있는 것으로 이해할 수 있다. 이런 아이를 나무라거나 다그치는 것은 그 행동을 더 강화시키고 부모와의 갈등을 키울 뿐이다. 부모가 해결하지 못할 경우 전문가의 도움을 받는 것이 좋다. 어느 정도는 성향일 수 있고, 부모의 행동을 닮았을 가능성도 있다.

엄마 가지 마──분리불안

...

　직장생활을 하는 엄마가 아이를 친정에 맡기고 다녔다. 아침이면 바이바이도 잘하고 밤에는 할머니와 잠도 잘 자고 그랬는데, 어느 날부터인가 출근하는 엄마한테 결사적으로 매달린다. 현관까지 따라나와서 한쪽 다리에 매달리고 겨우 떼어놓으면 다른 쪽 다리에 매달리고, 아침마다 생이별도 그런 생이별이 없다.

　걸음마도 잘하고, 엄마와 떨어져서 잘 놀던 아이가 어느 날부터 갑자기 엄마를 찾기 시작한다. 한시도 엄마에게서 떨어지려 하지 않고 잘 놀다가도 엄마가 없으면 극도로 불안한 반응을 보인다. 떼쓰는 것도 더 늘어나고, 배변을 잘하다가 다시 퇴행하기도 한다.

　마가렛 말러(Margaret Mahler)는 이 시기를 '재접근기(rapproachment phase)'라고 명명하였다. 운동기능이 어느 정도 발달하면서 세상으로 나갔지만, 정서적으로는 아직 엄마와 분리할 준비가 덜 되어있는 상태에서 일어나는 불안반응이다. 걸음마를 할 줄 알게 되면서 세상이 모두 신기롭고, 그 호기심 때문에 세상에 나갔지만, 갑자기 두려운 마음이 일어나 엄마를 찾게 되는 시기이다. 정서적으로는 혼자 무언가를 할 만큼 발달되어 있지 않다는 것이다.

한편 인지발달을 하게 되면서 엄마의 존재가 더욱 부각된다. 전에는 엄마도 좋고 아쉬운 대로 할머니도 좋았지만, 이제는 엄마라는 존재가 더 확실하게 부각된다. 세상을 향해 나가는 한편, 정서적으로 엄마가 나와 분리된다는 사실이 아이에게는 두려움으로 다가올 수 있다. 말러는 프로이트의 말을 인용하여 '대상상실에 대한 두려움'이 일어나는 시기라고 하였다. 지금까지는 엄마의 손을 잡고 세상에 나왔는데, 엄마의 손을 떼고보니 엄마를 잃어버리지 않을까에 대한 두려움이 생기는 것이다.

말러는 이 시기에 나타나는 불안을 '공황상태'라고 표현하였는데, 이 시기의 불안이 전후에 나타나는 불안보다 더 크고 심각하기 때문이다. 신체나 인지발달과 정서발달의 불균형에서 오는 경우가 많기 때문에 조숙한 아이들에게서 이러한 현상이 두드러지기도 한다.

'빠른이'는 어려서부터 말을 잘했다. 돌 전부터 '우유', '주스' 등 명사로 자기가 먹고 싶은 것을 말하고, 돌 지나면서 책을 읽고, 문장을 구사할 줄 알게 되었다. 사람들이 있으면 좋아하고, 노래도 곧잘 따라 부르고 해서 엄마는 아이와 얘기하는 것이 심심치 않았다. 그러던 아이가 두 돌이 되어가면서 차츰 떼쟁이로 변해갔다. 대소변도 실수하고 엄마가 외출할 때마다 울고, 이유 없이 떼를 부리기 시작했다.

이 시기가 부모에게도 어려운 이유는 이제 좀 육아에서 벗어나겠구나 싶을 때 생기는 현상이라서 더 좌절스럽기 때문이다. 젖병 떼고, 기저귀 떼고, 아이 스스로 걸어다닐 수 있어 안심해도 되겠구나 싶을 때, 더 어린아이처럼 구는 것이 당혹스러울 수 있다. 이제 좀 말귀를 알아듣는 것 같은데, 저렇게 막무가내로 떼를 쓰니 난감하다. 또한 버릇이 나빠지는 것 아닌가 싶어 받아줄 수도 없고 뿌리칠 수도 없고 난감해질 때도 있다. 이때 동생이 태어나는 시기와 맞물리면 서로가 더 힘들어진다. 부모는 이제 큰아이가 언니, 누나 노릇을 해주었으면 싶고, 아이는 엄마로부터 독립할 준비가 되어 있지 않은 상태에서 자리에서 떠밀리게 되므로 그렇지 않아도 생기는 상실감에 대한 불안은 더 커질 수밖에 없다.

이러한 분리불안을 해결하기 위해서 엄마가 항상 옆에 있다는 것을 주지시켜주는 것이 필요하다. 아이의 불안이나 긴장에 압도되지 않고 마음의 균형을 잡아주는 역할을 하는 것이 필요하다. 아이가 이유 없이 울고, 떼를 쓰고, 엄마를 옴짝달싹 못하게 해도 엄마가 동요되어 같이 흥분하거나 화를 내지 말고, 아이의 마음을 진정시키고, 엄마가 항상 곁에 있다는 사실을 주지시켜주는 것이 중요하다. 아이가 놀다가 뒤를 돌아보아도 언제나 그 자리에 있음으로써 누군가가 든든히 받쳐주고 있다는 느낌이 들도록 해주어야 한다. 잘 걷고 말을 잘해도 아직은 엄마가 절대적으로 필요한 '아기'라는 사실을 엄마가 이해할 필요가 있다.

우리 속담에 '세 살 버릇 여든까지 간다'고 하였다. 유아발달을 다루는 사람들은 생후 3년까지가 가장 중요한 시기라는 데 의견의 일치를 보고 있다. 생후 3년까지의 중요성은 아무리 강조해도 지나치지 않다. 마음(자아)

의 틀이 형성되는 시기이기 때문이다. 형제의 터울이 3년이 적당하다는 것도 이러한 맥락에서 나오는 것이다. 쉽지 않은 일이지만, 일하는 엄마들도 사실은 생후 3년까지는 직접 키우는 것이 가장 이상적이다.

경험적으로 보아도 이 시기에는 훈육이 별로 도움이 되지 않는다. 말귀를 잘 알아듣지 못할 뿐 아니라 타인을 배려할 수 있을 정도까지 아직 인지기능이 발달되어 있지 않기 때문이다. 무엇을 하지 못하게 할 것인가보다는 어떻게 해줄 것인가를 찾는 것이 이 시기에는 더 현명한 방법이 아닌가 싶다. 육아서를 보면 여러 가지 훈육 방법들이 나와 있다. '타임아웃'과 같은 여러 가지 처벌 방법들은 대부분 행동수정 기법들을 적용하는 것인데 이들을 적용할 수 있는 시기도 대개 생후 3년 이후를 의미하는 것이라고 생각한다. 사실 이 시기의 육아만큼 힘든 것도 없다. 아이는 전적으로 부모에게 의존하는 시기이고, 부모는 말도 통하지 않는 아이와 끊임없이 교감해야 하기 때문이다. 자녀에 대한 무한한 애정과 인내력 그리고 체력이 없으면 감당하기 어려운 것이 이 시기의 엄마 노릇이 아닌가 싶다.

출근 시간에 엄마를 붙잡는 아이

직장생활을 하는 엄마들에게 언제 가장 일을 놓고 싶었느냐고 하면 아이가 아침에 엄마 다리를 붙잡고 떨어지지 않으려 할 때라고 대답한다. 아이 때문에 직장을 그만두고 싶은 순간은 무수히 많다. 임신 기간 배불러 계단 오르내리기 힘들 때도 그렇고, 책상에 오래 앉아 있다 보면 배가 딱딱해지면서 태동이 없어 혹시 아이가 잘못되는 게 아닌가 싶을 때도 그렇다.

출산 후엔 젖먹이를 떼어놓고 직장에 복귀할 때도 내가 뭐하자고 이렇게 아등바등 살아야 하나 싶다. 하지만 무엇보다도 가장 힘들 때는 잘 지내는 것 같던 아이가 갑자기 떼를 쓰고 엄마를 떨어지지 않으려 하고, 아침마다 전쟁을 치르는 시기이다. 대체로 아이가 아팠거나 분리불안과 맞물려있는 시기이다.

특히 분리불안과 맞물리면 엄마와 떨어지지 않으려는 시기가 한동안 지속되고, 잘 지내던 아이가 여러 가지 우울한 반응을 보이기 때문에 엄마 또한 우울해질 수밖에 없다. 이럴 때 내 경험을 토대로 주는 팁이다. 직장에 하루 이틀 휴가를 내고, 아이를 데리고 직장에 출근한다. 엄마가 아이의 시야에서 사라진 이후부터 다시 집에 돌아올 때까지의 모든 여정을 아이에게 보여주는 것이다. 엄마가 출근하는 차림으로 아이를 데리고 평상시와 똑같이 출근하면서 "엄마가 여기서 전철을 타. 그리고 에스컬레이터를 타고 다시 올라가면 여기는 엄마가 일하는 곳, 여기 들어가려면 이 카드로 딸깍 해야 돼. 그리고 이렇게 엄마 사진이 있는 목걸이를 걸고, 여기는 엄마가 일하는 책상, 옆에 선생님과 인사해. '안녕하세요'. 우리 엄마 책상에서 사진 한 장 찍을까? 그리고 점심때는 다 같이 나와서 엄마 친구들하고 여기서 밥 먹고…" 이렇게 상세히 설명해준다.

분리불안은 엄마가 사라진다는 두려움에서 생겨나는 것이다. 사라지지 않는다는 것을 실제로 아이에게 보여주는 것이다. 물론 두어 살 아이들이 이러한 로드맵을 그릴 만큼 인지기능이 발달되어 있지는 않다. 하지만 아이들의 눈치는 그 인지기능을 뛰어넘는다. 엄마가 어디에 있는지 그 이미지를 느낌으로 그릴 수 있다. 직장 사정이 허락하는 한, '사라진 동안' 엄마가 무얼 하는지 이미지를 그릴 수 있는 방법이면 무엇이든 좋다.

우리 아이들이 어렸을 때, 내가 일하던 곳은 학교였다. 박사 과정하면서 강의, 연구소를 전전하던 때였다. 언젠가 아이들을 학교에 데리고 가서 생리실험방에 가서 쥐도 보여주고, 토끼도 보여주고 그랬다. 큰아이가 무척 인상 깊었던 것 같다. 그 이후로도 학교의 안부를 묻곤 했다. 특히 실험방에 있던 쥐와 토끼들, 실험용이어서 죽어도 여러 번 죽었을 그 동물들의 안부를 꽤 오랫동안 물었던 기억이 난다.

엄마의 신체의 일부분을 대상으로 삼는 아이들

"나는 언제부턴가 숙면을 취하지 못해 항상 피곤해요. 밤에 잠을 잘 때 아이가 내 팔꿈치를 만지고 자요. 자는가 싶어서 얼른 손을 떼면 귀신같이 알고 벌떡 일어나요. 엄마 팔꿈치가 없으면 잠을 자지 못해요. 오죽하면 내 팔꿈치에 딱지가 앉았어요. 나도 예민해서 아이가 내 팔꿈치를 만지고 있으면 신경이 쓰여서 깊은 잠을 잘 수가 없어요."

"우리 아이도 그래요. 내 머리카락을 잡고 손가락으로 비비 꼬면서 놀아요. 특히 졸릴 때는 우유 마시면서 한쪽 손가락으로 꼭 내 머리카락을 감고 있어요. 어느 때는 머리카락 한두 가닥이 잘못 얽혀서 진짜 아파요. 아이가 자려고 할 때는 아프다 하지도 못하고 정말 괴로워요. 그래도 나는 아이가 잠들면 머리카락을 뺄 수 있어서 다행이네요."

아이들이 어릴 적 덮던 담요나 인형, 장난감 등에 애착을 보이는 것은 너무나 흔히 볼 수 있는 일이다. 하지만 실제 임상장면이나 부모교육을 해보면, 이런 물건들보다 엄마의 신체 일부분에 애착을 보이는 경우가 적지 않다. 담요나 인형, 장난감 등에 대한 애착에 대해서 요즈음 부모들은 확실히 관대한 것 같다. 문제는 이러한 대상이 엄마 신체의 일부분일 때 엄마들이 신체적으로 괴로움을 겪는 것이다. 처음에 이러한 경우가 손 빠는 행동을 대신하는 것일까, 아니면 담요나 인형 같은 물건을 대신하는 것일까 고민했다. 시기적으로 보면 확실히 손 빠는 시기보다는 훨씬 늦게 시작되는 것 같고, 더 늦게까지 남아있는 것 같다. 해서 아이들의 이러한 행동이 담요와 같은 물건을 대신하는 것에 더 가까운 것이 아닌가 생각하게 되었다.

통계적인 수치를 알 수 없겠으나 경험상으로 보면, 이처럼 엄마 신체의 일부분을 자신의 대상으로 삼는 경우는 대체로 직장생활을 하는 엄마의 여아들인 듯하다. 그리고 그 시기도 꽤 오랫동안 지속되는 것 같다.

낡았어도 내겐 소중해요

아이들은 어릴 적 덮던 담요나 부드러운 인형 같은 것에 대해 애착을 보이는 경우가 있다. 어른들도 마찬가지이다. 오래된 물건을 정리하다보면 딱히 쓸모가 없는데도 불구하고 항상 버리지 못한다. 추억이 담겨있고, 이야기가 담겨있고, 감정이 실려 있기 때문이다. 아이들은 더 말할 나위없다. 어릴 적 누군가가 곁에 없을 때 마음을 달래주었던 물건이기 때문에 물건이 아니라 중요한 대상(object)이 되는 것이다. 위니콧은 이것이 정상적인 발달과정이라고 하였다. 과도기적 대상으로서 대상관계의 영역을 넓혀나가는 데 중간 다리의 역할을 한다고 하였다.

아이들에게 '낡은 담요'란 그런 것이다. 낡은 상자 속에서 버리지 못하는 오래된 추억의 물건 같은 것이다. 실제 살아있는 대상은 아니지만 마치 대상처럼 내게 존재하는 것, 그래서 불안하고 외로울 때마다 위로를 주는 것. 이것이 '낡은 담요'의 역할이다. 이 사랑하는 대상은 나만의 고유 영역으로 성인이 된 후에도 계속 남아있게 되는데, 이것이 때로 취미생활로 나타나기도 하고 예술적 창의성으로 나타나게 된다고 하였다. 누군가에게 방해받지 않고 내 영역 속에서 감정을 표출할 수 있는 것들, 이것이 어린 시절 '낡은 담요'의 역할 같은 것이 될 수 있다. 청소년들이 특히 음악을 많이 듣는 것, 영화에 심취하는 것도 이러한 맥락에서 이해해 볼 수 있을 것이다.

내 안에 엄마 있다 ── 대상항상성

. . . .

아이를 키우다보면 사소한 것에도 가슴 벅찬 순간들이 있다. 아직도 내가 잊지 못하는 감동의 순간이 있다. 그중의 하나. 큰아이가 두어 살 때의 일이다. 여느 때처럼 자기 전에 마주보고 누워서 그림책을 읽어주고 있었다. 책을 보지 않고 나를 물끄러미 바라보던 아이가 말했다.

"엄마 눈 속에 단비가 들어있다."

처음에는 아이의 말이 믿기지가 않았다. 말이 좀 빠른 편이기는 했지만, 이렇게 정확하게 표현한다는 것이 놀랍지 않을 수 없었다. 물론 그 의미를 알고 한 말이 아니라 단순히 엄마의 동공에 비친 자신의 모습을 보고 한 말이었겠지만, 세월이 지난 지금도 가슴이 뭉클하다.

엄마가 내 마음속에 들어오게 된다는 것. 사랑하는 엄마가 내 마음속에 들어오게 된다는 것은 어떤 의미일까.

'말 안 들으면 엄마 나가버린다' : 대상상실과 대상 사랑의 상실

'고집이' 엄마는 아이의 고집이 너무 세서 고민이다. 한번 갖고 싶은 것이 생기면 사줄 때까지 조른다. 나중에 사준다 해도 막무가내다. 어느 때는 나중에 사준다고 하기도 하고, 어느 때는 '엄마가 집을 나가버린다'고 협박을 하기도 하는데 소용이 없다.

아이들이 떼를 쓰거나 말을 듣지 않을 때, '엄마가 나가버린다'는 말을 의외로 많이 사용하는 것을 보고 놀랄 때가 있다. 물론 진심으로 하는 말은 아니겠지만 속이 상하면 나도 모르게 튀어나온다. 이 말이 아이에게 어떤 감정으로 남게 될까.

이 현상을 제대로 이해하기 위해서는 먼저 '대상의 상실'과 '대상 사랑의 상실'의 차이를 이해하는 것이 중요하다. 전자는 '엄마가 없어지면 어떡하지?'이고, 후자는 '엄마가 나를 사랑하지 않으면 어떡하지?'이다.(이론적으로 전자는 항문기에서 재접근기에 나타나는 현상이고, 후자는 그 다음 시기인 남근기에 나타나는 현상이다.) 자칫 말장난같이 보일 수 있지만, 이 둘을 구분하는 것은 매우 중요하다. 내 마음이 텅 비어 있고, 세상에 아무도 없다는 느낌과 내가 사랑하는 누군가가 나에게 실망할지도 모른다는 느낌은 정서적으로 매우 큰 차이를 가져온다. 대상 그 자체가 없어져서 내 마음속에 대상이 존재하지 않게 되는 것이다. 내 마음에 아무도 없다고 대상이 없다고 느낄 때, 세상에 나 혼자 버려진 느낌이 들고, 맹수가 와도 아무도 나를 도와줄 사람이 없다고 느끼게 된다. 공허감, 두려움 때로는 공황상태로 이어질 수 있다. 이것이 '대상상실'이 겪는 두려움이다. 밤에 혼자 자기를 두려워하거나, 야뇨증을 앓거나 혹은 엄마가 외출하는 것을 극도로 불안해할 수 있다.

반면 '대상 사랑의 상실'은 대상이 내 안에 들어온 후에 그 사랑을 잃어버리지 않을까에 대한 염려이다. 사랑하는 사람이 더 이상 나를 바라보지 않는다는 것, 나를 보던 시선을 거두어들인다는 것과 관련된 감정이다. 우울감, 무력감, 때로는 부모를 실망시켰다는 죄책감 등이며, 이것이 대상 사랑의 상실에 대한 감정이다.

물론 전자가 없으면 후자는 당연히 없지만, 이 둘의 근본적인 차이는 내 안에 대상이 존재하느냐 아니냐의 차이이다. 즉 내 안에 엄마가 있느냐 없느냐의 차이인 것이다. 엄마들이 아이들에게 간절히 생기기를 바라는 것들, 자아 형성, 자존감 등은 바로 이러한 '내 안에 엄마 있다'를 통해서 이루어진다. 그리고 이러한 안정감은 엄마와의 좋은 경험을 통해서 눈 쌓이듯 차곡차곡 쌓여간다.

더욱이 대상상실에 대한 두려움을 경험하는 아이에게 '말 듣지 않으면 엄마가 나가버린다'고 하는 것은 그렇지 않아도 불안한 아이의 마음에 기름 붓는 격이 될 것이다.

훈육도 이러한 맥락에서 생각해볼 수 있다. 결론부터 말해서, 훈육이 가능하려면 적어도 이것이 존재한 이후가 될 것이다. 다시 말해서 아이의 마음속에 엄마가 잘 자리 잡은 후에 훈육하는 것이 효과적일 것이라는 의미이다. 엄마 아빠의 사랑을 잃지 않기 위해서 무언가를 생각하게 되는 시기가 훈육을 할 수 있는 적절한 시기가 아닌가 생각한다. 그 이전에 무리한 훈육을 하게 된다면, 보통 아이들이 가질 수 있는 것보다 훨씬 더 큰 불안과 공포를 경험하게 될 것이다.

아이를 키울 때 훈육은 불가피하다. 아이를 제대로 된 인격체로 키우기 위해서 훈육은 꼭 필요하다. 하지만 언제, 어떻게 해야 하는지에 대해서는 정말 고민스럽다. 여하튼 생후 3년까지는 훈육에 무리수를 두지 않는 것이 좋다고 나는 생각한다. '엄마가 없어질지도 모른다'고 느낄 때 엄마의 꾸중을 듣는 것과, '엄마의 사랑을 잃을지도 모른다'고 생각할 때 듣는 꾸중은 다르다. 물론 항상 상처이기는 하지만. 아이의 마음속에 엄마가 아직 자리 잡지 못한 시기에 '말 짓' 하는 아이에게 '엄마가 나가버린다'고 하는 것은 불안을 불러일으키는 것 외에 아무것도 없다.

아무리 잘 걷고, 말을 잘해도 적어도 3세 이전까지는 엄마가 절대적으로 필요한 '아기'라는 사실을 이해할 필요가 있다.

항문기

1   세상을 향한 걸음마

'개별화 연습기|individuational practicing'라고 불리는 이 시기는 돌이 지나고, 걷기 시작할 때쯤으로, 유아가 세상을 향해 나아가는 시기이다. 직립보행이 역사의 큰 틀을 바꾸어 놓았듯, 유아들에게 '걸음마'는 '천지창조'에 비유할 수 있을 것이다. 엄마로부터 독립을 할 수 있는 여건이 만들어지는 것이다. 항문, 괄약근의 발달과 더불어 기저귀를 떼게 되면, 유아의 '세상 놀이'에 가속도가 붙는다. 때로 뒤돌아보며 엄마를 확인하기는 하지만, 세상을 향한 호기심을 멈추지 않는다. 분리불안을 경험하기도 하지만, 엄마가 '중심축'이 되어주는 한 유아는 탐색 놀이를 계속한다. 보울비는 이를 '안전기지'라고 표현하였다.

2   두려울 때, 다시 엄마를 찾기

'재접근기|Rapproachment Phase'는 기저귀 떼고 세상을 향해 잘 나아가던 유아가 갑자기 퇴행하는 시기이다. 엄마와 떨어지는 것을 극도로 불안해하고, 배변 가리기를 하지 않으려 하기도 한다. 잘 자라는 듯하다 다시 젖먹이가 되는 것 같아 엄마가 당혹해할 수 있다. 정상발달이다. 세상을 향해 나가기는 했지만, 운동, 인지, 심리기능 등 모든 것이 미숙하다보니 갑자

기 두려워진 것이다. 항문기와 맞물려 본능으로서의 공격성이 발달하는 것과 관련 있다고 말하는 학자들도 있다. 그래서 이 시기를 '항문기적 재접근기anal rapproachment phase'라고 하기도 한다.

여하튼 이 시기에 유아들이 느끼는 것은 세상에 대한 호기심과 동시에 두려움이다. 가까이하기에 모든 것이 너무 거대하다.(어릴 적 기억에 부모님이 크게 느껴졌던 것을 기억해보라). 세상에 믿을 것은 엄마밖에 없다. 그래서 말러는 엄마가 유아의 '보조자아auxilary ego' 역할을 해주어야 한다고 하였다. 엄마가 중심이 되어주어서, 유아 스스로 정서를 통제할 수 있는 능력을 키울 수 있도록 도와야 한다는 것이다.

말러는 특히 성장 발육이 빠른 유아에게 나타나는 재접근기의 불안을 예로 들기도 하였다. 즉 발육이 빨라 걸음마를 일찍 시작하기는 했지만, 정서적으로는 여전히 미숙하다보니, 상대적으로 그 분리불안에 더 취약할 수 있다는 것이다. 신체성장과 정서발달의 불협화음이 유아를 더 취약하게 만들 수 있다는 것이다.

아이들이 말을 듣지 않을 때, '엄마가 나가버린다'는 표현을 쓰기도 한다. 그렇지 않아도 대상상실에 대한 두려움이 많은 시기이다. 따라서 장난으로도 해서는 안 되는 말이다. 말러는 엄마가 보조자아로서의 기능을 하지 못하게 될 때, 유아에게 내재된 불안이 '자아의 발달'을 방해한다고 하였다. 무력감과 대상에 대한 상실감을 야기해서 자꾸 엄마에게 들러붙는 아이가 될 수 있다고 하였다.

말러는 유아의 감정의 균형을 맞추어주는 것이 중요하다고 하였다. 유아가 떼를 쓴다고 같이 화를 내거나, 훈육으로 다스리려고 하면, 유아의 불안에 불을 지피는 일이 될 것이다. 유아의 감정을 이해하고 읽어주는 것이 중요하다. 엄마가 유아의 감정을 이해하려고 애쓰는 과정을 통해서 유아 역시 감정을 인내하는 방법을 배우고, 이를 내재화한다고 말러는 말한다.

3   적절한 훈육 시기는 '대상항상성'을 지닌 후가 좋다.

'대상항상성object constancy'은 두 가지 개념을 갖는다. 인지적인 것과 심리적인 것, 즉, 눈으로 보이는 것과 마음으로 느끼는 것이다.

첫째는 '눈으로 보이는 대상항상성'으로 피아제가 말한 개념이다. 그가 말하는 대상항상성 개념은 인지적인 것으로, 말 그대로 물체가 시야에서 사라져도 없어지는 것이 아니라고 믿는 것이다. 인형을 베개로 가려놓아도 그 뒤에 인형이 있다는 것을 안다는 의미로 대략 생후 8-10개월경에 형성된다. 시력이나 인지기능의 발달을 기초로 한다. 낯가림이 시작되는 이유이기도 하다. 엄마와 엄마가 아닌 것을 구분할 수 있게 되기 때문이다.

둘째는 '심리적으로 느끼는 대상항상성'으로, 말러가 말하는 자아발달 과정에서 나타나는 것을 말한다. 아이의 '마음속에' 엄마라는 존재가 자리 잡게 된다는 것이다. 엄마가 외출하고 없어도 다시 들어온다는 것을 알게 된다는 것이다. 이것이 생기기 전에는 아이가 잘 놀다가도 엄마가 보이지 않으면 울고, 엄마가 나가려고 하면 결사적으로 따라나선다. 엄마가 내 안에 항상 존재하는 것이라고 믿을 때, 엄마가 나갔다 다시 돌아올 수 있다고 믿는다. 비로소 자아의 핵이 생겼다고 말할 수 있는 것이다. 이것이 자존감, 자신감의 토대가 되는 것이다.

말러는 이러한 심리적인 '자리 터'를 특별히 '리비도적인 대상항상성'이라고 불렀으며, 대략 생후 3년 전후이다. 이 대상항상성이 생기면 그다음 단계로 무난히 넘어갈 수 있다고 말하게 되는 것이다. 이 시기는 여러 가지 인지기능, 통합능력이 발달하는 시기이다. 뇌의 발달과도 맥을 같이한다. 판단력, 통제력을 담당하는 대뇌피질의 발달이 본격적으로 이루어지는 시점이기도 하다. 언어발달이 급속히 이루어지는 시기와도 맞물린다. '세 살 버릇 여든 간다'는 속담에도 나오듯, 성격이나 품성을 결정짓는 자아가 발달되는 시기이다. 많은 학자들이 3세까지가 인생의 가장 중요하다고 말하는 시기이기도 하고, 동생을 보기에 가장 적합하다고 말하는 시기이기도 하다. 그래서 훈육이 가능해지는 것은 이 시기가 지난 후부터라고 나는 생각한다.

남근기
이성에 대한 호기심이 생기는 시기(3~5세)

이 시기는 언어발달과 더불어 인지기능이 급격히 발달하는 시기이다. 아울러 대뇌피질의 발달도 활발히 이루어지기 시작한다. 성 차이에 대한 인식이 생기고, 아버지의 역할이 중요시되며, 무엇보다도 초자아의 발달이 이루어지는 시기이므로 훈육의 중요성이 부각된다.

언어발달 —— 행동에서 생각으로

•

아이에게 있어서 언어발달은 과학사에서 뉴턴이 만유인력의 법칙을 발견한 것만큼 획기적인 것이다. 울음에서 말로 자기 의견을 표현할 수 있기 때문이다. 행동에서 생각으로 옮겨가며, 인지발달에서 커다란 도약이 시작되는 시기이다.

우리 고대의 역사에는 석기시대에서 청동기로 넘어가는 분기점이 있다. 불에 녹여 제 모양을 만들면, 부서지지 않고 오래 쓸 수 있는 도구의 개발이야말로 당시를 살았던 인류에게는 혁명이 아닐 수 없다.

유아에게는 '언어발달'을 이에 비유할 수 있을지 모르겠다. 생후 2~3년경에 등장하는 언어발달은 아동의 인지발달에 엄청난 변화를 가져다준다. 행동을 생각으로 대치할 수 있고 자신의 생각이나 의지를 좀 더 사람답게 전달할 수 있기 때문이다. 3세 전후 일단 말이 트이기 시작하면, 그동안 어떻게 참았나 싶을 만큼 거의 홍수처럼 쏟아낸다. 비록 유치하고 자기중심적인 생각의 발달이기는 하지만, 여하튼 청소년기까지 이어지는 인지, 사고 발달의 시작이 된다.

내가 최고야

..

아이의 나르시시즘은 정상적인 발달과정이다. 다만 부모의 나르시시즘이 아이에게 투사될 때 문제가 될 수 있다.

두서너 살의 아이들이 자라면서 넘어야 할 산이 있다면 바로 '나르시시즘'이라는 산이다. '내가 세상에서 제일 잘났다'고 믿는 산을 넘는 것이다. 누구보다 잘났다가 아니라 그냥 내가 잘 났다고 믿는 것이다. 뭔지 모르지만 내가 최고이고, 세상이 내 뜻대로 움직여야 한다고 믿는 시기이다. 유치하지만 나르시시즘이다. 이러한 말도 되지 않는 우월감과 고집이 하늘을 찌르는 시기를 '남근기적 나르시시즘(phallic narcissism)'이라고 한다. 신체적인 우월감도 있다. 남아의 경우 고추를 선뜻 보여주기도 하고, 여아의 경우 자신의 몸이나 인형에 치장을 하기도 한다.

우리 문화권에서는 겸손이 미덕이라고 여기는 경향이 있다. 뭔가 잘난 척하는 낌새에 민감하다. 그래서 내 아이의 행동이 남에게 버릇없고 당돌하게 비쳐지지 않을까 걱정한다. 받아주면 안하무인(眼下無人)이 되지 않을까 걱정하는 부모들이 많다. 제대로 가르쳐야할지, 받아주어야 할지 고민스럽다. 하지만 분명한 것은, 정상발달 시기에 특징적으로 나타나는 현상은 다 채워주고 지나가야 한다는 것이다. 생략되거나 억압되면 부족한 영양결핍에 허덕이게 된다.

이 시기의 나르시시즘은 정상발달 과정이며, 공격성과 마찬가지로 채워주어야 무리 없이 지나간다. 문제가 되는 것은 부모의 나르시시즘이다. 우리 아이가 누구보다 1등이어야 한다는 부모의 나르시시즘이 문제이다.

이 시기 아이들의 나르시시즘에는 비교가 없다. '누구보다'라는 수식어가 들어가지 않는다. 그저 '나 잘났다'는 자기 전능감에서 나온다. 이렇게 나 혼자 걸어다닐 수 있고, 이렇게 나 혼자서 만들 수 있고, 그렇게 되어서 기쁘다는 의기양양함이다.

내가 이렇게 대단한 존재라는 것을 엄마가 알아주었으면 하는 것이다. 엄마가 '그럼, 그럼' 해줄 수 있으면 된다. 오직 엄마와 나 사이에서만 일어나는 일이다. 내가 대단하다는 것을 거울처럼 비추어주기를 바라는 것이다. 내가 대단한 존재이고, 우리 엄마가 맞장구쳐줄 수 있으면 그만인 그런 나르시시즘이다. 오로지 엄마와 나, 이자관계(二者關係)에서 오는 나르시시즘이다.

이러한 순수한 나르시시즘을 누군가와 비교하기 시작한다면 그것은 부모의 나르시시즘이 된다. 부모의 문제가 된다. 삼자가 개입되면 스트레스와 열등감이 생기고 자긍심을 잃게 된다. 그렇게 되면 공허감과 허세의 때가 타는 '탁한' 나르시시즘이 된다.

5, 6세까지의 발달과정을 하나의 산에 비유한다면, 산꼭대기로 비유할 수 있는 것이 바로 '남근기적 나르시시즘'이다. '내가 최고야!'라는 환호성의

정점을 누릴 수 있어야 한다. 그래야 하산의 고단함을 견디지 않겠는가. 이후에 겪게 될 훈육과 적절한 좌절을 통해 '초자아'가 형성되는 고된 여정을 묵묵히 받아들이지 않겠는가.

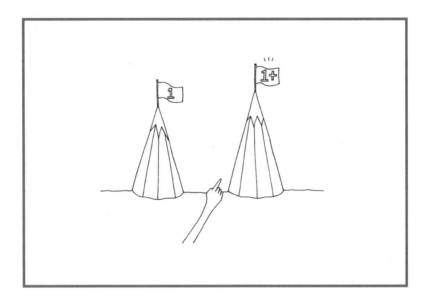

어, 나랑 다르네? —— 성 차이에 대한 인식

• • •

여자아이 '쉬리'는 서서 쉬를 하겠다고 고집을 부린다. 아빠가 하는 것을 보고 나도 그렇게 하겠다고 우긴다. 옷이 젖는 줄 알면서도 그렇게 하겠다고 우긴다. 어느 날인가는 어린이집 남자 친구가 놀러왔는데 화장실에 서서 쉬하는 것을 보더니 뛰어들어가서 그 앞을 보고 나왔다. 워낙 순식간에 일어난 일이라 엄마도 말리지 못했다. 아무렇지 않게 다시 어울려 노는 것을 보고 뭐라고 말할 수 없어 그냥 두었다.

남아와 여아가 서로 다르게 생긴다는 인식은 생후 18개월경부터 시작된다고 한다. 기본적인 성 정체성이 발달하기 시작하는 것이다. 생후 2, 3세가 되면서 성에 대한 호기심이 생기고 세상에는 두 개의 다른 성이 존재한다는 것을 알게 된다고 한다. 내가 아빠와 같은 자세로 혹은 다른 자세로 소변을 보게 된다는 것을 알게 된다. 다른 성을 가진 부모나 친구들의 '다름'을 관찰하고자 하는 의지가 얼마나 강한지를 알게 된다.

프로이트는 생후 3년 동안 여아의 성 발달이 남아의 성 발달과 동일한 것으로 보았으나, 오늘날 많은 연구자들은 여아의 성 발달이 출생부터 남아와는 다른 고유한 발달경로를 갖는다고 한다. 정신분석가로서 발달 이론에 대한 많은 연구를 한 타이슨(Tyson) 부부는 여아가 자신의 성기가 남아의 성기와 해부학적으로 다르게 생겼다는 것을 발견한 후 일으키는 첫 반응은 거세감이나 음경 선망일 수 있지만, 이보다는 어머니의 여성성에 대한 태도나 아버지와의 관계 등이 더 중요하다고 하였다. 엄마가 자신의 여성성에 만족하고 편안해한다면 아이가 해부학적인 차이에 일시적인 놀라움이나 경외감을 가질 수 있지만, 이것이 곧 단순한 차이에 불과하다는 것을 인식하고 자신이 여자라는 것에 자부심을 갖게 될 것이라고 하였다.

'도대체 쪼그만 게…' — 남아의 성 발달

'쪼끄미'는 엄마와 눈이 마주치자 사타구니에 들어가 있던 손을 슬그머니 빼놓는다. 엄마는 쪼끄미에게 눈을 흘기며 말한다. '고추 만지면 나쁜 병균이 들어가서 해롭다고 했지. 계속 말 안 들으면 경찰 아저씨한테 잡아가라고 한다' 네 살배기 쪼끄미와 시작된 실랑이가 쉽게 멈추어지지 않는다. 아이들 버릇은 왜 이렇게 고치기가 어려운지. 더구나 남들 앞에서 이런 행동을 보일까봐 여간 걱정이 아니다. 나무랄 때 아이의 시무룩한 표정을 보면 안쓰럽고 엄마 속이 더 상하다. 이 버릇을 그대로 두고볼 수도 없고, 남 보는데 그럴까봐 창피하고. '도대체 쪼그만 게 왜 고추는 만지고 난리야' 속만 끓인다.

프로이트는 일찍이 유아기의 성에 대해 언급하면서 성에 대한 감각이 초기 유아기부터 발달한다고 하였다. 당시 이에 대해 엄청난 반발이 있었지만, 이는 성인의 시각에서 유아의 성을 이해하려한 데서 생긴 오해였다.

유아기의 성에 대한 생각과 행동을 이해하는 것이 중요하다. 프로이트는 유명한 '한스' 사례를 통해 5세 소년이 가진 말에 대한 공포증을 다루면서, 이 시기 아이들의 발달과정에서 있을 수 있는 두려움을 설명하고 있다. 한스는 세 살이 되기 전부터 자신의 생식기에 관심이 많았다. 주변이나 사람들에 대한 호기심도 점점 커졌다. 젖을 짜고 있는 암소를 보고, '고추에서 우유가 나온다'고 했고, 소방차가 물을 뿜는 것을 보고, '소방차가 쉬를 한다'고 했다. 부모의 생식기에 대한 관심은 말할 것도 없었다. 엄마도 그것이 있는지, 아빠의 그것은 내 것보다 큰지 작은지 등등. 이 시기의 아이들은 한스처럼 모든 사물을 생식기가 '있다' 혹은 '없다'로 분류하기도 한다. 개나 말은 고추가 있고, 책상이나 의자는 고추가 없다는 식이다. 프로이트는 이것이 만 세 살짜리의 남아가 성 정체감을 형성해가는 정상발달의 과정이라고 하였으며 아울러 이 시기에 나타날 수 있는 두려움, 공포도 정상발달이라고 했다.

자신의 성기에 대한 관심은 자연히 만지는 행위로 이어진다. 어느 날 우연히 성기 부분에 자극이 주어지고 그 전에는 느낄 수 없는 쾌감을 경험하게 되면서 아이들은 그 행위에 집중하게 된다. 아이들의 자위행위는 그저 '놀이'라는 점이 성인과 근본적으로 다르다. 아이의 자위 놀이에도 상상은 존재하지만 어른의 그것과는 다르다.

이 시기 아이의 자위행위는 정상발달이다. 신체감각이 정상적으로 발달하고 있다는 증거이다. 이 시기에 자위행위는 '손 빠는 행위'와 크게 다를 바 없다. 자기 신체의 일부를 놀잇감으로 가지고 노는 것이다. 따라서 처음에는 창피함이나 부끄러움이 없다. 이러한 감정들은 부모의 반응에 따라서 생기게 된다. 불안감도 생긴다. 고추를 빼앗아간다거나, 병균이 들어가서 큰일 난다는 말을 해서는 안 된다. 즐거움이 불안감과 연관되어, 같은 감정회로로 발달하기 때문에 감정의 혼선이 생기게 된다.

이렇게 되면 여러 가지 문제가 발생할 수 있다. 자신에게 즐거운 일로 처벌을 받게 되면 혼자 숨어서 하게 된다. 그리고 즐거움은 항상 불안을 동반하기 때문에 흡족하지 못하고, 중독에 빠질 가능성이 높다. 불안을 없애기 위해 무언가를 하고, 즐거운 순간 다시 불안해지는 악순환의 감정 고리를 갖게 될 가능성이 있다. 아이들이 이러한 행동을 보일 때 가장 필요한 것은 다른 놀이로 대치시켜 부모가 같이 놀아주는 것이다. 부모가 불안해하거나 예민할수록 고치기 더 어렵다. 때로 유치원, 학교에 갈 때까지 이어져서 관대한 부모조차 걱정시키는 경우가 적지 않다. 이 경우에도 잘 타일러야 하며, 공공장소에서는 하지 말고 집에서만 하는 것이라고 일러주는 것이 좋다.

'아빠하고 결혼할 거야' — 여아의 성 발달

페미니스트들의 극한 반발이 아니더라도, 여아는 남아와 같은 성기가 없기 때문에 평생 부러움과 열등감을 갖게 된다는 프로이트의 생각은 발달 이론가들에 의해서 많이 수정되어왔다.

여아가 오이디푸스 단계에 들어가기 위해서는 엄마와의 애착관계를 포기하고 성적인 관심과 애정을 아빠에게 돌려야 한다. 이것이 가능하기 위해서는 엄마에 대한 충분한 애착 경험이 전제되어 있어야 한다. 그래야 건강한 분리를 할 수 있고, 이것을 발판으로 아빠에게 애정을 옮길 수 있다.

이것이 충분하지 않으면, 엄마에게 그대로 머물러 있거나 여성으로서의 동일시를 거부하는 경향을 보이기도 한다. 절대로 치마를 입으려 하지 않는 중성적인 아이로 자라거나, 깊은 연애를 어려워하면서 이성친구가 더 편한 대인관계를 유지하는 '쿨한' 여성으로 자랄 수 있다. 반대로 동성 친구와는 친밀한 유대감을 느끼지 못하고, 남성에게 매혹적인 섹시한 여성으로 자라기도 한다. 이유는 모두 같다. 엄마와의 충분한 애착이 없이 이성을 대해야 하는 여아들이 취할 수 있는 남성관이다.

여아의 여성성이나 남성관, 이성관계 패턴의 시작은 엄마와의 애착관계에서 비롯되기 때문에, 초기에 엄마와 충분한 애착관계를 형성하는 것이 매우 중요하다.

인자한 할아버지와 무서운 호랑이
── 초자아의 발달

••••

이 시기의 아이들은 아직 초자아의 발달이 충분하지 않기 때문에 성적 공상과 공격적인 공상을 즐기면서도 죄책감을 별로 느끼지 않는다. 죄책감은 이러한 생각이 누군가로부터 제한을 받게 될 때 생기게 된다.

차츰 자기가 하고 싶은 것과 해서는 안 되는 것이 있다는 것을 깨닫기 시작하고, 이러한 갈등을 통해서 초자아가 형성되어간다. 훈육이 필요해지는 시기이지만, 문제는 훈육의 정도이다. '훈육'이 온화하냐, 가혹하냐에 따라서 아이 내면에 자리 잡는 초자아의 이미지가 달라진다. 온화한 할아버지가 자리 잡을 수도, 엄한 얼굴을 한 경찰이 자리할 수도, 아니면 도저히 감당할 수 없는 호랑이가 자리할 수도 있기 때문이다.

부모라면 누구나 내 아이를 창의력이 넘치는 자녀로 키우고 싶어 한다. 창의력은 모방에서 시작한다는 말도 있지만, 창의력의 자원은 단연 '융통성'이다. 내가 생각하는 것들을 해볼 수 있는 것, 그렇게 시행착오를 거쳐가는 것, 그것이 창조의 과정이다. 아이의 마음속에 너무 엄격한 초자아가 형성되면 마치 뒷덜미에 감시 카메라가 달린 것과 같아서, 스스로 자신의 행동을 제한하게 된다. 어른들이 보기에는 말 잘 듣고 착한 아이처럼 보일지 모르겠으나, 영혼이 자유로운 아이로 자라기는 어렵다.

미국의 소아정신과 의사 콜라루소(Calvin A. Colarusso)는 이 시기에 나타나는 두려움이나 공포, 악몽 등이 거의 유일한 혹은 생의 마지막 정상발달이라고 하였다. 그만큼 누가 뭐라고 하지 않아도, 유아에게 힘든 시기라는 의미이다. 신체 감각기관이 발달하면서 이전에 느끼지 못했던 감각을 느끼게 되고, 엄마 아빠를 이전과는 다른 시각에서 보아야 하고, 포기해야 할 것들이 생기는 등, 아이로서는 감당하기 어려운 혼란의 시기이다. 따라서 이 시기에 나타나는 두려움들을 부모가 공감으로 세심하게 다룰 필요가 있다는 것이다.

이것이 해결되지 않은 채 나타날 수 있는 이후의 두려움이나 공포증은 전문가의 도움이 필요한 것이라고 할 수 있다. 따라서 이 시기에 나타나는 두려움들을 부모가 잘 감싸주어서 다른 공포로 전이되지 않도록 하는 것이 중요하다. 예컨대 낮에도 혼자 방에 있는 것을 두려워하거나 용변을 볼 때 화장실 앞에 엄마를 세워두어야 하는 것 등은 이러한 불안의 연장선일 수 있다. 따라서 이 시기에 나타나는 자위행위를 무서운 말로 지나치게 억압하거나 나무라서는 안 된다. 부모가 아이와 같이 있어준다든가 데리고 자면서, 지속적으로 편안함과 안전함을 제공할 수 있다는 확신을 주는 것이 필요하다.

아빠의 역할

·····

오이디푸스기와는 달리 항문기에는 아빠가 아들의 거세공포를 안정시키는 데 중요한 역할을 한다고 한다. 타이슨은 재접근기의 갈등을 해소할 뿐 아니라, 아빠가 남아의 초기 거세불안을 최소화하고 성 정체성을 안정화시키는 데 도움이 된다고 하였다. 남아의 경우 아빠는 자기와 동일시할 수 있는 남성 인물로서 중요한 역할을 하고 안정된 신체상을 갖는 데도 도움을 준다고 하였다.

아이가 아빠를 좋아하기는 하지만, 만 2세경까지 아이의 마음은 근본적으로 엄마와 나, 2자 관계이다. 심리적으로 아빠가 중요해지는 시기는 대체로 3세경부터라고 한다. 오이디푸스기에 접어들면서 아이의 마음속 관계 양상이 2자 관계에서 3자 관계로 넓어지기 때문이다.

앞에서도 언급했듯, 이 시기는 성이 발달하는 시기이다. 남녀의 성 차이를 어렴풋이 이해하기 시작하면서 엄마를 성적인 인물로 여기고 자신만의 유아적 성 세계로 엄마를 끌어들인다. 자신의 남성성을 깨달으면서 아빠가 자신과는 뭔가 다른 관계를 엄마와 맺고 있다는 것을 어렴풋이 깨닫기 시작한다.

엄마와 아빠 사이에서 잠을 자려고 하는 것은 이러한 맥락에서 이해할 수 있다. 이것이 자신도 알 수 없는 묘한 경쟁심과 적대감을 불러일으킬 수도 있다. 이럴 때 보이기 시작하는 아이의 적개심이나 엄마에 대한 지나친 애정을 아빠가 잘 수용해주는 것이 필요하다. 스스로도 혼란스러운 상황에 아빠가 공격적인 훈육으로 대응하면 그렇지 않아도 두려운 아이의 마음은 갈피를 잡기 어려울 것이다. 아빠를 공격하고 싶은 욕구는 매번 두려움을 동반하게 되고, 아빠의 복수를 걱정하게 된다. 아이의 제한된 능력으로는 공상과 현실을 정확히 구분하기 어렵기 때문에 자신의 적개심과 아빠의 복수에 대한 두려움은 점점 더 위협적이 된다.

이러한 이유 때문에 남아, 여아를 떠나서 오이디푸스기 전후로 보이는 부모에 대한 경쟁심, 허세 등은 너그럽게 지나가는 것이 좋다. 부모에게 반항적이고 적대적인 행동을 보일 수도 있지만, 이 시기에 나타날 수 있는 일시적이며 정상발달 과정이라는 것을 부모가 이해하는 것이 중요하다. 오히려 부모가 이러한 행동에 지나치게 과민하게 반응하고, 강경한 훈육으로 제한하려 할 때 문제가 생길 수 있다. 이러한 행동이 해소되지 않고 오히려 지속되면서 부모와의 갈등을 초래하기도 한다. 특히 이러한 문제가 해소되지 않을 때, 동생에 대한 공격성으로 나타나는 경우가 드물지 않다.

미국의 정신분석학자 에릭슨(Eirk H. Erikson)은 이 시기가 자율성이 획득되는 중요한 과정이라고 하였다. 이때의 자율성은 잠재적 경쟁 상대들을 배척하는 데 중점을 두므로 흔히 어린 동생이 침범해오는 것을 막는 데 주력하며, 질투 섞인 분노가 동반되기도 한다.

TV에 출연한 한 어린이가 나를 보면 꼬리를 흔드는 강아지도 좋고,
먹고 싶은 것이 다 들어 있는 냉장고도 좋은데
아빠는 왜 있는지 모르겠다는 시를 써서 화제가 된 적이 있다.

냉장고보다 못한 아빠

양육에서 아빠의 역할이 부각되기 시작하면서 대부분의 육아서도 이 시기 아버지가 해야 할 일에 대해서 지면을 할애하고 있다. 나는 이것이 젊은 아빠들의 마음을 더욱 무겁게 하는 일이라고 생각한다. 특히 출퇴근에 자율권이 별로 없는 우리 문화권에서는 더 더욱 그렇다.

아빠가 밖에서 무슨 일을 하는지 모르는 아이들이, 그들의 노고를 이해하는 것은 쉽지 않다. 아이들이 보는 아빠는 집 안에서의 모습이다. 주말에 나와 놀아줄 수 없을 만큼 피곤한 아빠, 모처럼 쉬는 주말에 늦게까지 잠을 자는 아빠, 소파에 길게 누워서 리모컨을 이리저리 돌리는 아빠를 아이들은 이해하기 어렵다. 그래서 아이의 시각으로는 아빠가 냉장고보다 쓸모없다는 시를 쓸 수밖에 없을 것이다.

심리적으로 아이들이 아빠를 지각하는 것은 엄마라는 창(窓)을 통해서이다. 현실적으로 우리 문화권은 더욱 더 그럴 수밖에 없다. 따라서 가정에서 아버지의 자리를 마련해주는 데에는 엄마의 역할이 매우 크다. 남편에게 불만이 많은 엄마일수록 아빠를 부정적으로 말하고, 아이들은 그 말을 통해서 아버지를 각인한다고 한다. 그래서 가족을 위해 죽어라 일하는 아빠들이 아이스크림을 보관하는 냉장고보다 더 쓸모없는 사람으로 기억될 수 있다.

먹고 싶은 것이 다 들어있는 냉장고를 사주기 위해서 얼마나 고군분투하는지를 이해시킬 수 있는 사람은 다름 아닌 엄마이다. 초등학생이 쓴 시를 보고 누구를 탓해야 할지는 알 수 없으나, 아빠가 벌어온 월급으로 아이들과 맛난 것을 먹으면서 아빠를 비난한다면, 그것은 좀 잔인한 일인 것 같다.

미국은 유치원이나 학교 행사에 아빠들이 꼭 참석한다. 이혼을 해도 중요한 행사는 빠지지 않고 참석한다. 그래서 수시로 열리는 간담회는 저녁 시간에 이루어지기도 한다. 그만큼 아빠가 아이들 양육에 깊이 관여하고 있다. 물론 요즈음은 우리도 아빠들에게 출산휴가를 주도록 제도화하고 있다지만, 우리 현실에서 자녀 재롱잔치 간다고 캠코더를 매고 당당하게 회사를 빠져나올 수 있는 아빠가 얼마나 될 수 있을지 궁금하다.

성인이나 청소년들의 심리치료를 하다보면 아버지에 대해 부정적인 이미지를 갖고 있는 경우가 너무 많다. 그럴 때 내가 하는 일 중의 하나는 그것이 누구의 시각으로 본 것인지를 이해시키는 것이다. 어린 시절 아이들은 대체로 엄마라는 창을 통해서 아빠를 볼 수밖에 없다. 아내로서 남편에 대해 갖는 불만을 아이들에게 심어주면, 아이들은 심리적으로 한쪽 부모를 잃게 되는 절름발이로 자라게 된다.

아이가 아빠를 이기적인 사람이라고 여길지, 아빠의 노고에 대해 이해할지는 상당 부분 엄마의 몫이다. 적어도 우리 문화권에서는 더 더욱 그런 것 같다. 여아든 남아든 아버지에 대한 좋은 이미지를 갖는 것은 매우 중요하다. 모든 걸 떠나서 세상의 절반이 남자이기에, 남아에게는 의젓한 남자로 성장하는 모델이 되며, 여아에게는 연애의 대상이요, 직장 상사들의 모델이 되기 때문이다.

잠복기
친구가 중요해지는 시기(6-11세)

잠복기란 5세부터 대략 사춘기 이전인 11세까지를 일컫는다. 프로이트가 이 시기를 생물학적 발달이 왕성한 오이디푸스기를 지나서 2차 성징이 나타나는 청소년의 질풍노도가 오기까지 비교적 평온한 시기라는 의미에서 잠복기라 불렀다. 하지만 오늘날 발달 이론가들은 자아, 자존감 발달에 매우 중요한 토대가 되는 시기라고 말한다. 내면적으로는 3세경까지 형성된 자아나 초자아를 견고히 하는 시기가 된다.

본격적인 훈육은 이때부터 시작하는 것이 좋다고 한다. 자아의 핵이 어느 정도 생겼고, 여기에 자아를 둘러싸는 초자아를 형성해가는 시기이므로 훈육을 통해서 할 수 있는 것과 해야 할 것, 해서는 안 되는 것을 가르쳐줄 수 있다. 이와 관련하여 코헛은 일찍이 프로이트의 말을 인용하여 '적절한 좌절(optimal frustration)'을 주는 것이 필요하다고 하였다. 적절한 좌절이란 아이가 견딜 수 있을 만큼의 좌절이며 이것은 아이마다 다름을 의미한다.

놀고 싶어요

•

이 시기의 가장 중요한 특징 중의 하나가 '놀이'이다. 발달 과제를 숙달시키는 데 중요한 역할을 하기 때문이다.

달리 말하면, 이 시기의 아이들은 '잘' 놀아야 한다. 이것이 중요한 이유는 세상과 접촉하면서 겪게 되는 시행착오 등 필요한 연습을 하는 과정이기 때문이다. 이 시기의 아이들은 미성숙해서 새로운 경험들을 능숙하게 통합하지 못한다. 규칙이나 현실을 받아들이는 것을 연습하는 과정이 필요한데 이것이 곧 '놀이'이다. 그래서 아이들의 놀이 속에는 자신만의 감정, 소망, 생각, 스트레스 등이 담겨있다. 놀이를 통해 그것들을 자연스럽게 표현한다.

이처럼 아이들의 놀이는 외부 현실을 내적으로 받아들이기 위한 연습 과정이다. 어른들로 치면 스트레스를 풀기 위한 '수다'라고 생각해도 좋다. '수다'의 의미가 그렇듯 해결책보다는 그냥 감정을 풀고자 하는 그런 것이다. 남편 흉본다고 달라지는 것은 없지만, 그나마 수다라도 떨어야 속이 풀리는 것처럼. 여기에서 더 나아가 아이들의 놀이는 더 심오한 의미가 있다.

수민이는 요즈음 부쩍 인형놀이를 한다. 동생이 생기고 한동안은 칭얼거리더니 혼자 인형을 가지고 노는 버릇이 생겼다. 우유도 먹여주고, 기저귀도 갈아주고, 토닥토닥 잠도 정성스레 재운다. 이를 본 어른들은 엄마를 잘 따라한다며 기특해한다.

글쎄. 잘 따라하는 것은 맞지만 기특한 일은 아니다. 적어도 이 시기에 보이는 수민이의 인형놀이는 엄마가 동생이 생기기 전에 내게 해주었던 사랑을 더 이상 받을 수 없다는 슬픔을 받아들이는 과정이다. 현실을 받아들이기 위한 애도의식이다. 동시에 아직도 인형처럼 사랑을 받고 싶다는 소망의 표현이기도 하다.

이처럼 아이들의 놀이는 '수다'인 동시에 소망의 표현이기도 하다. 엄마의 행동을 따라함으로서 속상함을 달래는 것이기도 하지만, 인형처럼 엄마의 사랑을 계속 받고 싶다는 소망을 표현하는 것이기도 하다. 더 이상 받아들여질 수 없는 현실을 인정하려고 노력하는 동시에 놀이 속에서 소원을 풀어내는 것이다. 그래서 소아 정신분석가 콜라루소는 아이들이 반복적으로 같은 놀이를 되풀이하는 것을 일종의 '반복 강박'이라고 하였다.

발달 이론가 펠러(Peller)는 놀이를 발달적으로 접근하여 각 발달단계마다 놀이의 주제, 불안, 보상적 공상에 대해서 설명하였다.

출생 후 첫 2년 동안 아이의 놀이는 신체기능과 관련되며 다양한 기능을 다른 말로 바꾸어 표현하거나 과장한다고 하였다. 말러는 이 과정을 '연습'이라고 불렀다. 이 시기의 아이들은 양육자와 같이 노는 2자 관계이다. 따라서 이 시기의 엄마들이 좀 편하자고 또래 아이들을 같이 모아 놓아도 엄마를 찾거나 각자 따로 노는 '평행놀이' 현상이 빚어진다.

3세쯤 되어야 친구들과 놀이를 할 수 있게 된다. 이때 놀이의 주제는 주로 아동의 상상에서 비롯된 것들이 많다. 발달과정에서 필요한 역동이기도 하다. '소꿉놀이'를 통해서 역할 놀이를 한다. 엄마, 아빠 그리고 아이의 역할을 분담해서 놀기 시작한다. 이 시기의 아동들이 기본적으로 갖는 오이디푸스적인 갈등과 불안을 다룬다.

잠복기에 이르면서 아이들의 놀이가 본격화된다. 신체적으로 어느 정도 성숙했고, 또래 집단과 어울릴 수 있는 사회성이 갖추어지기 시작하기 때문이다. 더욱이 신체적인 성장과 협응능력이 발달하고, 읽기나 계산능력이 발달하면서 아이들의 놀이는 훨씬 더 정교화되고 이를 통해서 지적, 사회적 발달을 이루게 된다. 그래서 이 시기부터는 규칙과 친구들끼리 협동할 수 있는 놀이를 할 줄 알게 된다.

또 한 가지 중요한 것은 초자아가 내재화되면서 규칙과 처벌을 이해하고 이것을 습득하려고 한다는 것이다. 자신들이 겪는 심리적 좌절을 놀이를 통해서 극복해나가게 되는 것이다. 오이디푸스기의 놀이가 미래에 대해서 그리고 성장하고자 하는 욕구에 초점을 두고 있다면, 잠복기 아이들의 놀이는 시계바늘을 뒤로 돌려놓고 다시 시작하고 더 잘하며, 그럼으로써 초자아를 만족시키고자 하는 기회를 계속해서 만들어나가는 것이라고 하였다.

내 친구

..

잠복기에 형성되는 중요한 발달 현상 중의 하나는 또래 집단과 우정을 형성하는 능력이 생기기 시작한다는 것이다. 프로이트는 우정과 성적인 사랑은 같은 뿌리에서 나온다고 하였고, 랑겔은 엄마와 아이의 만족스러운 관계가 우정의 기초가 된다고 하였을 만큼 어린 시절을 잘 보냈는지의 여부가 중요한 변수가 된다.

이 시기에는 친구관계를 잘 형성하는지가 곧 발달이 잘 이루어지고 있는지 중요한 지표가 된다. 가족 내에서 부모와의 관계를 통해 얼마나 잘 발달했는지를 증명하는 지표가 되는 것이다. 왜냐하면 이 시기의 아이들은 지나치게 솔직해서, 미성숙하거나 사회적인 준비가 되어 있지 않는 친구는 또래 집단에서 배제당하기 때문이다. 결과적으로 또래 집단에 수용된다는 것은 잠복기 동안의 심리적 건강을 측정할 수 있는 가장 좋은 지표가 된다.

이 시기에 아이는 유치원이나 학교라는 사회 속에서 생활해야 하기 때문에, 가족을 떠나 사회 속에서 얼마나 잘 기능할 수 있는지 평가 할 수 있다. 유치원이나 학교에서 잘 적응하면, 일단 부모는 안심해도 좋을 것이다. 신체적, 인지적으로 잘 발달되었다는 것을 간접적으로 증명하는 것이기 때문이다. 피아제의 발달이론에서 잠복기는 구체적 조작기에 해당한다. 이 시기의 아동은 행동하기 전에 생각할 수 있는 능력이 생기기 시작하고 시간에 대한 개념을 터득하기 시작하며, 아직 미숙하기는 하지만 현실적인 문제를 해결하는 데 정보나 경험을 사용할 수 있는 능력이 생기게 된다.

우리 문화권에서는 친구관계를 유지하기 위해서 유치원이나 학교 외에 학원이라는 또 하나의 장소가 필요하다. 정규교육 이외에 학원교육을 시켜야 하는지에 대해서는 여러 가지 논란이 있지만, 친구를 만나는 곳으로 놀이터가 더 이상의 의미를 상실한 이상, 부모의 고집만 주장할 수는 없는 것이 우리의 현실이다. 따라서 아이들이 학원에서 무엇을 배우는지에 대한 관심 못지않게, 누구와 잘 지내는지를 살펴보는 것도 중요하다. 내가 미국에서 공부할 때엔 미국 부모들이 각종 운동 프로그램에 아이들을 데리고 다니는 것을 보았다. 미국 아이들에게 운동은 필수이며 여러 운동 가운데 아이에게 가장 맞는 운동을 골라주는 작업을 이 시기에 하고 있었다. 부러운 일이 아닐 수 없다.

책상 위는 싫어요, 책상 밑이 좋아요

• • •

"책상 없애 버려야겠어, 게임할 때만 책상에 앉아 있는다니까."

두 아들을 일류대와 과학고에 입학시킨 지인의 말이다. 엄마는 매일 운동하러 다니느라 정신없는데, 두 아들은 학교에서 우수하다 못해 나가는 대회마다 상을 타오고 대학도 두어 군데 수시 합격해서 고민하게 만든다는 얄미운 엄마가 한 말이다. 책은 침대에 뒹굴면서 보거나 거실 소파에 누워서 그것도 TV에 나오는 내용 다 참견하면서 본단다. 책상에 앉아서 공부하는 아이들이 얼마나 되는지 사실 좀 궁금하다.

요즈음 우리 아이들은 두세 살부터 공부에 노출되어 있다. 유치원쯤 되면 엄마들이 초등학교에 배웠을 공부들을 하기 시작한다. 그래서 공부, 집중력에 대한 걱정이 이 시기부터 시작된다. 무엇보다도 이 시기의 아이들은 엄마들이 원하는 공부를 할 수 있을 만큼의 집중력을 가지고 있지 못하다.

'아이들은 책상 밑을 좋아하지만 책상에 앉는 것은 싫어한다.'

이 말대로 아이들에게 책상 밑과 위는 전혀 다른 감정을 갖는 곳이다. 아이들은 아늑한 곳을 좋아한다. 엄마의 자궁과 같은 곳에서 편안함을 느낀다. 그래서 식탁이나 책상 밑에 아지트를 만들고 그곳에서 좋아하는 장난감이나 인형을 가지고 논다. 반면 책상 위는 다르다. 공부를 한다든가 숙제를 하는 곳, 무언가 적극적인 사고활동을 하는 곳이다. 그래서 집중을 잘하지 못하거나 숙제가 싫은 아이들에게 책상은 가까이하기 싫은 곳이다. 더구나 아이들은 집중 시간이 짧아서 오래 앉아있기가 어렵다. 그래서 공부하라고 방으로 밀어넣어도 거실에서 나는 소리에 더 촉각을 세운다. 전화가 와도 초인종 소리가 나도 제가 먼저 달려나간다. 평소에는 안 하던 심부름까지 자처하고 나선다.

많은 엄마들이 자녀들이 주의가 산만하다고 걱정한다. 나는 이런 걱정의 상당 부분은 아이들이 집중할 수 있는 역량을 초과하는 우리나라의 조기 면학 분위기와 관련 있다고 생각한다. 조기교육을 반대하는 것이 아니다. '태교'라는 말이 있듯 전통적으로 우리는 배 속에서부터 교육을 시작해왔다. '도리도리, 죔죔'도 교육이다.

다만, 미취학 아동들에게 교육은 놀이를 통해서 하는 것이 가장 적합하다는 것이다.

산만함을 걱정하는 부모들에게 몇 가지 조언해보고자 한다.

첫째, 대부분의 아이들은 산만하다. 집중 시간도 짧다. 먼저 이러한 특성을 이해하는 것이 가장 중요하다. 부모들이 면담을 할 때 '아이가 산만하다'는 표현을 잘 쓰는데, 부모 기준인 경우가 많다. 부모의 기대에 미치지 못하면 실랑이를 하다가 지레 도망다니는 아이들에게 부모가 가끔 쓰는 표현이기도 하다. 초등학교 저학년까지 아이들의 집중 시간은 길어야 20분이라고 한다. 대여섯 살 유아들은 더 말할 나위 없다. 더욱이 남아의 집중력은 여아보다 더 더디게 발달한다고 한다. 이러한 객관적인 사실을 엄마가 먼저 이해하는 것이 중요하다.

둘째, 이 시기의 공부는 '놀이'이어야 한다. 아이가 학습지를 싫어하는 것이 정상이다. 학원 가는 것을 싫어하는 것도 정상이다. 책이나 활자로 무언가 이해하는 것은 이 시기의 아이들에게는 버거운 일이다. 인지적으로도 신체적으로도 쉽지 않은 일이다. 놀이를 통해서 배우는 것이 가장 효과적이다. 위에서 언급했던 두 아이는 어려서부터 할아버지가 데리고 놀면서 수학을 가르쳤다. 과자를 놓고 '할아버지가 몇 개 먹고, 우리 손주가 몇 개 먹으면 몇 개 남았을까요?' 하면서 셈을 익혔다. 우리 아이들이 끝말잇기 놀이를 할 때, 그 집 아이들은 제곱근 놀이를 하면서 놀았다. 시판하는 교재를 사는 것도 좋지만 그것을 어떻게 놀이와 연결시킬 수 있는지는 엄마의 지혜가 필요한 부분이다.

셋째, 환경을 만들어주는 것이다. 성인들과는 달리 조용한 방에서 벽을 보고 앉는 책상을 아이들은 싫어한다. 특히 활동량이 많거나 산만한 아이들은 주위 자극이 없으면 더 불안해진다. 벽을 보고 앉는 책상 대신, 시야가 창으로 향해서 트인 공간을 바라보게 하는 것이 더 좋다. 공부하는 틈틈이 창밖에 시선을 둘 수 있어야 더 오래 앉아있을 수 있다. 특히 주의가 산만한 아이, 그래서 공부를 싫어하는 문제로 상담을 하는 학부형들에게, 나는 책상의 위치를 물어본다. 벽에 붙어있는 책상이면, 기역 자로 연결할 수 있는 작은 책상을 하나 더 놓으면 어떠냐고 꼭 조언한다.

폐쇄공포증이 없는 나도 벽을 보고 앉아있으면 답답하다. 나도 산만한 사람은 아니지만 책보다 말고 거실을 왔다 갔다 할 때가 많다. 그럴 공간이 필요하다. '열공' 하면 떠오르는 이미지는 머리에 흰 띠를 두르고 칸막이 책상에 앉아, 그것도 옆 사람이 보이지 않게 노트로 칸막이를 더 연결하고 책상에 푹 파묻혀 있는 것인데, 우리 학교 공부가 꼭 그렇게 해야 하는 것이라면 적어도 중학교는 좀 지나야 가능한 일이 아닐까 싶다.

주변의 자극에 쉽게 영향을 받거나, 혼자 있는 것이 불안해서 혼자 책상에 앉지 않으려는 아이들이라면 책상이나 공부 환경을 좀 더 자유롭게 바꾸는 것이 도움이 되지 않을까 싶다.

답답한 방보다는 거실이나, 아니면 식탁에 앉아서 엄마와 대화하면서 숙제를 하게 하는 것도 아이들에게는 더 편안할 수 있다. 특히 숙제를 싫어하는 아이들(좋아서 하는 아이들은 없겠지만)은 부모가 같이 앉아서 가급적 빨리 끝내는 것이 좋다. 혼자 있는 것보다 누군가 옆에서 있어주면 아이들은 더 안정이 된다. 엄마가 다른 일을 하면서 숙제하라고 다그치는 것보다 같이 집중해주는 것이 좋다. 아이들은 대개 과정보다 '시작'을 더 심난해하는 경향이 있다. 그럴 때는 학습지나 책을 꺼내주어서 숙제할 준비를 도와주는 것도 방법이다.

대체로 10살 미만의 아이들에게 '너는 왜 주의가 산만하느냐'든가, '너는 왜 그리 엉덩이가 가볍냐'든가, '그렇게 집중을 못해서 나중에 무엇을 하겠느냐' 하는 말은 삼가는 것이 좋다. 특히 남자아이들은 여자아이들보다 발육이나 발달이 더디다는 점을 이해하는 것이 중요하다. 이러한 문제로 부모가 자녀를 견디기 어렵거나 객관적으로 또래 아이들보다 뒤처진다고 생각되면 전문가를 찾아가는 것이 좋다.

운동기능

나는 개인적으로 우리나라의 아파트 구조에 불만스러운 점이 있다. 평수가 아무리 늘어나도 아이들 방이 좀처럼 커지지 않는다는 점이다. 더구나 위아래 층의 소음 때문에 저녁이면 아이들 단속하느라 바쁘다. 나도 예외일 수 없었다. 언젠가 아이들 뛰는 문제로 아랫집과 충돌을 빚었는데, 아무리 조심시켜도 아랫집에서 올라오니 참다못한 남편이 적반하장으로 화를 낸 적도 있다. 그다음 집을 옮길 때는 1층으로 갔다. 안방과 아이들 방도 맞바꾸었다. 가장 큰 방 두 개와 딸린 화장실을 아이들 방으로 만들었다. 하나는 침실, 하나는 놀이방. 베란다에 마루를 깔고 채광이 좋을 때에는 정원을 보면서 놀게 했다. 지금도 있는지 모르겠지만 신설동 어느 골목에 가면, 유치원 기자재를 파는 곳들이 많이 있었다. 그곳에서 연두색 원탁 테이블과 앙증맞은 의자를 사서 방 한가운데 놓아주었다. '놀이 자유 구역', 방에서는 뭘 하고 놀아도 관여하지 않았다. 단, 장난감을 거실에 가지고 나오지 않게 했다.

지금도 아이들이 '원 없이 놀았다'고 말할 정도로 정말 끝도 없이 놀았다. 세 아이가 합세해서 놀았으니 아수라장이 따로 없었다. 장난감, 인형은 말할 것도 없고, 수건, 얇은 이불까지 총출동시켜가며 놀았던 것 같다. '피아노에서 뛰어내리기'는 아마 1층이 아니면 불가능했을 것이다. 놀고 싶은 대로 두고 하루에 한두 번 정리해 주었다. 그중 아이들이 가장 유용하게 쓴 것이 바로 그 원탁 테이블이다. 사실 집 안에 있는 가구들이 아이들 눈 높이로 앉을 수 있는 것이 거의 없다. 식탁도 거실 탁자도 아이들에게는 턱 없이 높다. 나무로 만든 유치원 책상과 의자가 아이들에게 가장 제격이었 던 것 같다. 가격도 훨씬 저렴하다. 아이들이 가장 오래도록 편안하게 썼 고, 더 이상 쓰지 않게 된 후에도 한참이나 버리기 아까웠던 물건이다.

그렇게 3년 정도를 지냈던 것 같다. 큰아이가 초등학교 중반쯤 되면서 제각각 방을 주었다. 이러한 방 구조를 보고 어떤 후배는 신기하다고 하 고, 어떤 선배는 말도 안 된다고 했다. 그러나 나는 아파트에서 채광이 가 장 좋고, 넓은 방을 침대와 장롱이 차지하고 있다는 것이 더 말이 안 된다 고 생각했다. 하루에 집에 머무는 시간이 가장 많은 사람이 넓은 공간을 써야 한다고 생각했다. 그래봐야 3년이었고, 아이들은 '잔소리 없는' 안전 한 공간에서 원 없이 놀았다. 그러면 되지 않은가.

거짓말하는 아이

. . . .

거짓말이란 타인의 시각에서 보았을 때 할 수 있는 말이다. 적어도 그 아이의 시각에서는 옳을 수 있다.

'금방이'는 늘 그야말로 금방 탄로 날 거짓말을 한다. 숙제 다 했느냐고 물으면 다 했다고 한다. 학습지 다 풀었느냐고 하면 거의 다 해간다고 한다. 가서 보면 시작도 안 했다. 내일 시간표대로 가방 다 챙겼느냐고 물어보면 곧 할 거라고 한다. 그리고 다음 날 아침에 준비물 챙기느라 식탁에 나오질 못한다. 오후에 친구 집에서 놀다가 바로 학원 간다고 하고 학원에서는 안 왔다고 문자가 온다. 어디 있는지 전화해보면 핸드폰도 꺼져 있다. 어느 때는 엄마를 약 올리려고 작정했나 싶을 때도 있다. 엄마는 마치 학창시절 철조망 안에서 하던 야구게임을 다시 하는 느낌이다. 어디서 날아올지 모르는 공을 노려보고 있는 기분. 하지만 안타를 칠 때는 한 번도 없다.

거짓말 행동을 연구하는 빅토리아 탤워(Victoria Talwar) 박사는, 아이들은 수도 없이 거짓말을 하고 그것을 부모가 알아차릴 수 있는 확률은 절반도 안 된다고 한다. 그러니 부모 입장에서 아이가 거짓말을 한다는 사실을 모르는 것보다 알고 있다는 것은 훨씬 더 다행스러운 일인지 모른다. 뻔히 들통 날 거짓말을 한다는 것은 어쩌면 거짓말 중에 가장 쉬운 경우에 해당하는 것일 수 있다.

거짓말은 발달의 이정표다

피아제의 인지발달에 의하면 사물을 객관적으로 바라보는 시기가 되려면 적어도 3세는 되어야 한다고 한다. 아이들이 거짓말이 나쁘다는 것을 인지할 수 있는 것은 도덕성의 발달과 맥을 같이하는데 이는 아무리 빨리 잡아도 5세 이상이다. 더욱이 아이들이 인지적으로 지각하는 것과 그것을 행동으로 옮기는 데에는 또 한참의 시간과 교육이 필요하다.

'법은 멀고 주먹은 가깝다'는 말이다. 아이들에게 이 말은 '도덕은 멀고 처벌은 가깝다' 정도가 될 것이다. 아이들에게 도덕은 너무 추상적일 뿐 아니라, 자기 자신보다는 타인 혹은 집단을 위한 경우가 많아 억울하다고 생각하는 경우가 많다. 따라서 도덕성이 생기고 이것을 실천하기 위해서는 자기중심성향에서 벗어나야 하는데 이 또한 피아제의 이론에 의하면 적어도 7세는 넘어야 한다. 더욱이 추상적인 사고가 가능하고 그것이 내 마음에 와닿기 위해서는 적어도 12세는 되어야 한다. 즉 사춘기 정도는 되어야 아이들이 사리분별도 하고 거짓말을 해도 제대로 할 수 있게 된다.

거짓말을 연구하는 학자들은 어린아이들이 생각보다 훨씬 이른 시기에 거짓말을 배운다고 주장한다. 탤워 박사는 만 3세면 거짓말을 할 줄 알게 되고, 만 4세가 되면 거의 모든 아이들이 거짓말을 하기 시작한다고 한다. 손위 형제자매가 있는 경우 더 일찍 거짓말을 배우는 경향이 있다고 한다. 물론 거짓말은 바로잡을 필요가 있지만, 한 가지 분명한 것은 거짓말 또한 사회적인 기술의 일부라는 것이다. 그것이 다른 사람에게 피해가 되지 않는 한에서 말이다. 내가 아는 30대 후반의 유능한 교수는 거짓말을 못해서 피해를 보는 경우가 많다고 하소연한다. 거짓말이라고 생각되는 순간, 얼굴에 나타나게 되어서 자신도 타인도 속일 수가 없어 힘들다고 한다. 실제로 자라오면서 거짓말을 한 기억이 거의 없다고 했다. 아마도 기업체에서 일을 했으면 살아남기 어려웠을 것이다.

거짓말에는 종류가 많다. 우선 색깔이 다양하다. 하얀 거짓말도 있고, 새빨간 거짓말도 있다. 심리학적으로 자녀양육에 있어 이해가 필요한 거짓말은 두 가지로 나눌 수 있다. 반응성 거짓말과 의도적인 거짓말이다. 위의 사례에서 금방이가 주로 하는 것이 반응성 거짓말이다. 어찌되었든 체벌을 피하기 위해서 하는 거짓말이다. 부모를 골탕 먹이기 위한 것이 아니다. 아이들이 거짓말을 하는 이유는 일차적으로는 혼나지 않기 위해, 그 다음은 부모를 실망시키지 않기 위해, 그리고 사랑을 유지하기 위해 하는 것이다. 그렇게 보면 거짓말처럼 부모를 화나게 하는 것도 없지만, 거짓말처럼 안쓰러운 것도 없다. 하고 싶은 것을 하고자 하는 '욕구'의 표현이거나, 무언가 가지지 못한 것을 가지고 싶다는 '환상'이거나, 받지 못한 것을 받았다고 가장하고 싶은 서글픈 몸부림일 수 있다.

부모와 어린 자녀 사이에 거짓말과 관련하여 벌어지는 씨름은 훈육과 관련되어 있다. 부모 입장에서 거짓말은 해서는 안 되는 것이고, 훈육은 반드시 필요한 부분이다. 숙제를 미리 하는 것, 컴퓨터 시간을 제한하는 것, 동생을 때리지 않는 것 등이 대체로 가정에서 지켜져야 할 일인데, 룰을 어기고, 거짓말을 하고, 부모를 화나게 하는 이 메커니즘은 사실 아이로서는 극복하기 어려울 때가 많다.

거짓말을 수정하기 위해서는 먼저 거짓말을 하는 이유를 파악하고, 아이가 스트레스를 느끼는 부분을 조금 느슨하게 해주는 것이 좋다. 또한 잘하지 못하는 것에 대해서는 부모가 옆에 같이 있거나 도와주는 것도 방법이다. 예를 들어 숙제를 하지 못하면 저녁 준비를 하기 전에 숙제부터 도와준다. TV를 끄고 거실에서 숙제할 수 있는 분위기를 만들어주거나 식탁에서 도와주고 엄마는 부엌에서 일하면서 같이 상호작용을 하는 것도 좋다. 컴퓨터를 오래하는 아이들은 엄마가 시간을 정해주고, 들어가서 하던 것을 끝내려면 얼마나 남았는지를 물어본다. 엄마가 옆에 앉아 있는 것도 방법이다.

유아발달과정의 창시자

: 지그문트 프로이트

Sigmund Freud(1856-1939)

프로이트는 1856년, 체코의 프라이베르크Freiberg(현 프르시보르)에서 태어났다. 프로이트가 태어날 당시 어머니 나이의 이복형들이 있었으며, 그 이복형이 낳은 또래의 조카와 같이 자랐다. 훗날 이러한 복잡한 가정환경이 오이디푸스 콤플렉스를 강조하는 이론을 만들었다고 주장하는 학자도 있으나, 프로이트는 자서전에서 자신의 오이디푸스 콤플렉스의 대상은 분명 아버지였다고 밝힌 바 있다.

그의 부모는 유태인이었다. 옛날 자식 많은 우리의 부모들이 그러했듯이, 6남매 중 장남인 프로이트에게 많은 기대와 관심을 몰아주었다. 그는 이러한 기대에 부응했다. 김나지움을 수석으로 졸업하고 의과대학에 들어갔다. 교수가 되는 꿈을 갖고, 생리실험실에서 오랫동안 연구 활동을 했으며, 그의 이러한 경험은 훗날 정신분석 이론을 창시하는 데 중요한 토대가 되었다. 과학적이지 못하다는 말을 듣는 것을 가장 두려워했다고 할 만큼, 그의 이론은 객관적 과학에 근거를 두고 있다. 유태인이 교수가 되기 어렵다는 사실과 가족을 부양해야 한다는 현실적인 이유로 개업의사의 길을 걷기 시작했는데, 당시 유행하던 히스테리 환자들을 대하면서 몇 가지 중요한 사실을 깨닫게 된다. 비엔나 시절, 즉 여성들이 누릴 수 있는 자유가 사회문화적으로 억압되어 있던 시절, 자신의 억압된 감정을 신체로 표현하는 히스테리 증상이 많았다. 최면 상태에서 평소와 전혀 다른 반응을 보이고, 최면에서 깨어나면 이를 기억하지 못하는 것을 보고, 인간의 마음이 여러 개의 방으로 나뉘어져 있으며, 이들이 서로를 알지 못한다는 사실을 깨닫게 된다. 이것이 훗날 의식과 무의식의 개념의 토대가 된다.

40세가 되던 해에 아버지가 돌아가시고 프로이트는 신경쇠약에 시달리면서 일련의 꿈들을 꾸기 시작하는데, 이 꿈들을 토대로 오이디푸스 콤플렉스 이론을 만들었다. 인간의 마음의 방들 가운데 가장 깊은 곳에 자리 잡고 있는 것, 즉 무의식의 내용들이 꿈속에 담겨있다는 사실을 깨닫게 된 프로이트는 1900년에 『꿈의 해석』이라는 책을 내놓게 된다. 정신분석이 세상에 나오게 된 것이다. 1905년에는 「성에 대한 3편의 에세이 Three Essays on the Theory of Sexuality」에서 유명한 심리성적 발달이론을 내놓으면서, 구강기, 항문기, 남근기, 잠재기, 청소년기의 순으로 신체감각에 따른 심리발달이 이루어진다고 하였다.

종합

구강기, 항문기, 남근기로 이어지는 유아 발달과정은 일찍이 프로이트가 한 말이다. 이곳은 아기의 신체 내부와 외부 환경이 소통하는 점막부위이다. 이것을 '리비도가 소통하는 곳', 혹은 '에너지의 창구'로 이해할 수 있으면 더 좋다. 구강, 항문, 남근은 어떤 순서인가. 생리학적으로 유아의 감각기관이 발달하는 순서이다. 앞에서 잠깐 언급했듯이 프로이트는 과학자였고, 오랫동안 생리실험실에서 연구 활동을 한 사람이었다. 누구보다도 인체의 생리학에 능통했던 사람이다.

태어나면서 갖고 태어나는 것은 입과 입술의 감각이다. 먹어야 사는 동물로서의 생존본능 때문이겠지만, 아이는 태어나면서 입에 무언가가 들어오면 빨고 삼킬 수 있는 운동기능을 가지고 있다. 1년 6개월쯤 되면 아이의 항문에 괄약근이 발달하기 시작하면서 항문을 수축이완할 수 있는 능력을 갖추게 된다. 이때부터는 변을 모았다가 한꺼번에 배출할 수 있는 능력이 생기게 되고 배변훈련이 가능해지는 시기가 된다. 3년쯤 되면 남근에 감각이 발달하기 시작한다. 우연히 옷을 입다가 전에는 느끼지 못했던 감각을 느끼게 되고, 한번 만져보게 되고, 남의 것은 어떻게 생겼나 호기심이 생기게 되는 시기이다. 여기까지는 지극히 생리적인 현상이 중심이다. 그저 아이가 자라면서 감각이 발달하는 순서인 것이다.

그렇다면 발달 이론가들은 왜 생후 3년까지의 초기 어린 시절이 매우 중요하다고 하고, 이것이 평생을 좌우한다고 강조하는가. 생리적인 현상에 일상의 경험이 덧붙여지고, 이 과정에서 여러 가지 감정이 채색되기 때문이다.

1 구강기(0~1세)

아이가 태어나면 먹을 수 있느냐 없느냐에 생존이 달려있다. 배가 고픈데 먹을 것이 주어지면 기분이 좋아지고, 그렇지 못하면 금방이라도 죽을 것 같다. 배고픈 것을 스스로 해결할 수 없는 아이는 배가 고파지면 생체균형이 깨지면서 가슴이 뛰거나 불편해지는 상황이 된다. 이렇게 되면 아이는 여러 가지 행동패턴을 보이게 된다. 젖병이 입에 들어올 때까지 악을 쓰고 울 수도 있다. 어쩌면 화에 못 이겨 젖병을 걷어차 버릴 수도 있다. 아니면 처음에는 배고파 잉잉거리다가 우연히 손가락이 입에 들어가게 되고, 그거라도 아쉬워 조용히 손가락을 빨게 될 수도 있다. 배고플 때마다 혼자 빈 손가락 빨다가 잠이 들 수도 있다.

여러 가지 경우의 수가 있겠지만, 엄마의 행동이 대체로 일정하면 영아의 행동패턴도 일정하게 형성되고, 그것이 곧 버릇이나 성격으로 굳어진다. 다만 어떤 행동패턴을 보이는지는 어느 정도 타고난 성향과 관련되는 것 같다. 타고나기를 성마른 아이라면 끝까지 울게 될 것이고, 좀 순한 아이라면 손가락을 빨 것이다. 중요한 것은 이러한 행동을 보이기 전에 배고픔이라는 신체균형이 깨지는 것, 즉 심장이 빨리 뛴다든가 혹은 불안을 경험을 했다는 것이다. 따라서 이 경우 젖 먹는(구강) 경험이 불안 등으로 내재화된다는 것이다. 그러면 그 아이는 불안할 때마다 울거나, 손을 빠는 행동을 보일 수 있다는 것이다. 이것이 프로이트가 말하는 심리성적psychosexual 발달이론이다. '심리psycho'는 마음을 뜻하며 '성적sexual'은 구강, 항문, 남근 등의 신체 등을 의미한다. 즉 신체의 감각발달이 외부 환경과의 경험을 토대로 마음을 형성해간다는 뜻이다.

여기에서 간과할 수 없는 또 하나의 중요한 사실이 있다. 유아가 배고파질 때 나타날 수 있는 상반된 반응들을 언급하였다. 즉 막무가내로 우는 아이와 손가락을 빠는 아이. 이 둘 사이에 무슨 차이가 있을까. 차이는 없다. 그리고 '차이가 없다'는 이 사실이 심리적으로 매우 중요하다. 부모 입장에서 본다면 상황이야 어찌되었던 순하게 손 빠는 아이가 키우기 편할 것이다. 하지만 이 두 아이가 '결핍'이라는 공통된 주제를 갖게 된다는 것이 중요하다. 즉 '같은 수준의 심리적 성숙도'를 갖게 된다는 것을 이해해야 한다. 부모의 입장에서는 '착한 아이', '못된 아이'로 분류할 수 있을지 모르지만 두 아이의 '정신적 성숙도'는 같다. 전혀 달라 보이는 이 두 아이는 훗날 서로를 이해하는 친구가 될 수 있고, 연인이 될 수도 있으며, 부부의 연을 맺을 수도 있다. 같은 주제를 가지고 있기 때문이다. (육아 전문가들이 '착한 아이'를 경계하는 이유와 맥을 같이한다고 할 수 있다.)

2   항문기(1~3세)

갓 태어난 아이는 항문은 있되 괄약근이 발달되어있지 않다. 아기에게 기저귀가 필요하다는 것은 괄약근이 발달되어있지 않다는 것을 의미한다. 변을 모아두었다가 한꺼번에 배설할 수 있는 기능이 없다. 괄약근이 발달하기 전 유아가 느낄 수 있는 것은 기저귀가 젖으면 기분 나쁘고, 뽀송뽀송해지면 기분이 다시 좋아진다는 것뿐이다. 대체로 1년 6개월 정도에 괄약근육이 발달하게 되고 아이는 비로소 변을 모았다가 힘을 주면서 변을 볼 수 있게 된다. 생리적으로 배변훈련이 가능해지는 시기가 되는 것이다.

매사에 깔끔한 엄마가 있다. '우리 아이 돌부터 배변훈련을 시켜야지' 하는데 때마침 돌 선물로 유아용 변기통이 들어왔다. 아이를 변기에 앉힌다. '자, 힘주어야지, 응차.' 아이는 무슨 말인지 모른다. 엄마는 응아를 누어야 한다고 하고, 아이는 불안해진다. '옆집 아이는 잘 누던데 너는 왜 못해?' 아이는 영문도 모른 채 무력해진다. 6개월만 기다리면 나도 잘할 수 있다는 사실을 경험하지 못한 아이는 새로운 상황이 두렵기만 할 것이다. 생리적 미발달이 심리적 무력감과 불안감으로 연결된다. 신체적으로 할 수 없는 일을 강요받은 아이는 매사에 불안하고 자신감이 없고 새로운 상황을 두려워하는 아이로 자랄 수 있다.

생리적 형상이 외부 환경과 관련하여 '감정의 회로'를 만드는 것이다.

한편, 괄약근의 발달은 아이에게 엄청난 자신감을 실어줄 수도 있다. 내 안에 있는 것들 (아이들은 변을 자신의 '물건' 혹은 자기 안에 있는 '대상'으로 지각하는 경향이 있다.)을 내가 조절할 수, 아니 통제할 수 있게 된다는 사실에 커다란 힘을 지닌 것으로 느낄 수 있게 된다. 실제로도 그렇다. 이전에는 엄마에게 수동적일 수밖에 없던 아이에게, 괄약근은 엄마를 통제하는 수단으로 사용할 수도 있다.

어느 날 동생이 태어났다. 내게 머물던 모든 시선들이 그쪽으로 향한다. 특히 엄마는 더 이상 나와 놀아주지 않고, 갓 태어난 아이만 돌본다. 아이는 화가 난다. 가만히 보니 엄마가 아이의 기저귀를 갈아준다. '옳거니 바로 저거야' 그동안 변을 잘 가리던 아이가 갑자기 옷에

변을 지리기 시작한다. 엄마가 놀라서 달려온다. 금방 입었던 옷을 다시 갈아입혀주고 깨끗이 씻어준다. 성공이다. 아이로 향하던 시선이 내게 돌아왔으니. 그 와중에 엉덩이 한두 대 맞겠지만 엄마가 다시 돌아온 기쁨에 비하랴. 무엇보다도 스스로 엄마를 통제할 수 있는 수단이 생겼다는 점에서, 또한 자신이 화났다는 사실을 표현할 수단이 생겼다는 점에서 아이는 엄청난 힘을 느낄 수 있다. 이 또한 성격형성에 영향을 주며, 이것이 훗날 자신감으로 이어질지, 남을 통제하고 이용하는 수단으로 이어질지는 아이가 관계 속에서 느낀 경험과 감정에 의해 좌우된다고 할 수 있다.

3 남근기(3~5세)

프로이트가 가장 중요시했고, 많은 정신분석가들도 이에 동의하는 남근기는 아이가 성(性)을 깨우치기 시작한다는 점에서, 그리고 '엄마와 나'라는 2자 관계에서 '엄마, 아빠 그리고 나'라는 3자 관계 양상으로 관계가 확대됨에 따라, 훨씬 더 미묘하고 복잡한 감정이 싹트게 된다는 점에서 매우 중요한 시기로 알려져 있다.

성기의 모양은 태어날 때부터 갖고 나오는 것이지만, 36개월쯤 되면서 이 부분에 감각이 발달하기 시작한다. 엄마가 옷을 갈아입혀주다가 우연치 않게 이 부분을 스치며 이전에는 느끼지 못했던 감각을 경험하게 된다. 뭔지 모르지만 평소와는 다른 느낌을 갖게 되고, 자연히 호기심이 생긴다. 자기의 것을 만져보기도 하고, 나와 다르게 생긴 것도 있다는 것을 알게 되고, 그래서 친구가 화장실을 가면 얼른 뛰어들어가서 들여다보기도 한다. 감각이 생겼으니 만져봤을 뿐이고, 호기심이 생겼으니 들여다봤을 뿐이다. 여기까지는 지극히 생리적인 현상에 의한 반응이다. 문제는 이것을 본 어른들이 어떻게 지혜롭게 대처하는가이다. 드러내서는 안 된다는 것을 가르치기는 해야겠고, 옛날 우리가 듣던 대로 호랑이가 와서 잡아간다고 하기에는 좀 무식한 것 같다.

어떻게 해도 무방하지만, 중요한 것은 쾌감이라고 불러도 좋을 이러한 감정이 두려움이나 수치심으로 연결되지 않도록 하는 것이다. 뭔지 모르지만 나는 좋은데, '그것을 만지면 병균이 온 몸에 퍼진다'든지, '밤에 귀신이 와서 잡아간다'든지, '남들이 보면 얼마나 창피한 일이겠느냐'고 무리수를 두면, 아이들은 '금기' 아니면 '집착'의 성향을 갖게 될 가능성이 높다. 금기는 불안을 야기할 것이고, 집착은 중독으로 가는 이정표이다. 특히 놀아주는 사람 없이 혼자 지내는 아이의 경우, 자신의 성기만큼 좋은 장난감은 없다. 따라서 이러한 아이에게 필요한 것은 같이 놀아주는 것이다. 나무랄수록 자꾸 구석으로 들어가게 될 것이고, 그 행동을 금기시하면 대용물을 찾게 될 것이다. 어른이 되어서도 혼자서 놀 수 있는 것들, 컴퓨터, 오락, 게임, 담배, 술 등을 찾듯이.

좋은 감정이 불안과 수치심으로 연결되는 감정의 통로를 발달시키게 된다. 어떤 일로 형성된 감정은 그것에만 국한되는 것이 아니라 다른 모든 행동에 일반화되는 경향이 있다. 좋은 감정이 불안이나 수치심으로 연결되는 통로를 발달시키게 되면, 아이는 행복을 추구할 수 있는 길을 찾기가 어렵게 된다. 나 스스로 좋은 감정을 주위에서 자꾸 불안이나 수치심을 덧씌운다면, 기쁨이라는 순수한 감정을 느끼기 어렵고, 따라서 행복한 아이로 자라기 어려울 수도 있다. 무언가 재미있는 일을 하고 나면 어쩐지 불안하고, 허전한 감정을 갖게 될 수도 있다. 맛있는 것을 먹고 난 후, '아, 맛있어서 행복하다'가 아니라, '내가 이런 걸 먹고 있어도 되나?' 싶다면 이 무슨 불행인가.

아이에게 세상 무서운 것을 가르치는 것은 중요하다. 하지만 빈대 잡자고 초가삼간을 태울 필요는 없지 않은가.

셋 · 아이들은 모두 다르게 태어난다

우리는 생각보다 많은 것들을 가지고 태어난다. 체질, 지능, 성격은 말할 것도 없고, 크고 작은 성향들도 가지고 태어난다. '왼손잡이' 같은 아이들이 있다. 어느 때 무슨 말을 해야 하는지 '사회성'이 왼손잡이 같은 아이들이나, 정리 정돈하는 것, 매일 매일의 일들을 제때 해야 하는 '일상생활'이 왼손잡이인 아이들도 있다. 생각이 구름 위를 날고 있어서, 발이 땅에 닿지 않고 자꾸 넘어지며 꿈만 꾸는 '생각'이 왼손잡이인 아이들도 있다.

우리는 생각보다 많은 것들을 가지고 태어난다. 체질, 지능, 성격은 말할 것도 없고, 크고 작은 성향들도 가지고 태어난다. 외향적인 아이가 있는가 하면, 내성적인 아이도 있다. 사람들과 어울리는 것을 좋아하는 아이가 있는가 하면, 조용히 책 읽는 것을 선호하는 아이들도 있다. 주변에서 돌아가는 일을 잘 파악하는 아이가 있는가 하면, 눈치라고는 도무지 없는 아이들도 있다. 뿐만 아니다. 정리 정돈하는 것도 타고난다. 일상을 수월하게 정리하는 아이들이 있는가하면, 너저분한 책상을 손도 못 대게 하는 아이들이 있다. 얼마간은 타고난다.

아이의 타고난 성향을 안다는 것은 여러 가지 면에서 도움이 된다. 무엇보다 자녀와의 불필요한 갈등을 줄일 수 있다. 문제인 것처럼 보이는 행동이 타고난 것이라면 받아들이기 훨씬 수월하다. 적어도 부모가 마음을 접을 수 있는 여지를 만들어주기 때문이다. 화를 덜 낼 수 있고, 덜 불안할 수 있게 해주기 때문이다.

또 아이의 성향을 아는 것이 중요한 이유는 장차 아이의 적성이 무엇인지를 찾는 데 도움을 줄 수 있기 때문이다. '성향'은 '적성'이나 '재능'과 같은 지류에서 시작한다. 좋아하는 것, 편안하게 하는 것을 키워주면, 그것이 적성이 되고, 재능으로 이어지는 경우가 많다. 아이가 좋아하는 것을 격려해주는 것은 마치 물결을 타고 강물에 배를 띄우는 것과 같다. 순풍에 돛을 맡기는 것과 같다. 좋아하는 것을 하는 아이들은 지루함이나 포기를 모른다. 실패에 쉽게 좌절하지 않으며, 시행착오를 통해서 극복하려는 의지가 강하다.

나는 이것을 창조성의 시작이라고 생각한다.

이 장(章)에서는 자녀의 타고난 성향이 무엇이며, 이것을 이렇게 이해하는지에 대해서 다루어볼 것이다. 성향은 양면성을 가지고 있다. 좋은 점과 단점. 성향을 이해하는 가장 중요한 첫 단추는 장점을 보는 것이다. 그리고 나서 단점을 보완할 길을 찾아주는 것이 부모의 역할이다.

성향, 체질처럼 타고 난다

자녀를 키우다보면 가끔 탄식이 나올 때가 있다. '같은 배 속에서 나왔는데 어쩜 그리도 다를까?' 별로 손 가지 않아도 알아서 잘 챙기는 아이가 있는가하면, 질질 흘리고 다녀서 한시도 마음을 놓을 수 없는 아이가 있다. 지능이 그리 높지는 않아도 학교 공부를 또박또박 해내는 아이가 있는가 하면, 가끔 부모도 놀랄 만큼 비상한 무언가를 가진 것 같은데 학교 공부에 전혀 흥미를 보이지 않는 아이도 있다. 부모가 나무라면 바득바득 대드는 아이가 있는가 하면, 부모 표정만 봐도 움츠러들고 눈물부터 흘리는 아이도 있다. 친구들에 묻혀서 집에 안 들어오는 아이도 있고, 제발 밖에 나가 친구들하고 좀 지냈으면 싶은 아이도 있다.

주문생산하면 얼마나 좋을까 싶게, 자녀 성격은 참 마음대로 되지 않는다. 반씩 섞어서 닮으면 좀 좋으련만, 조물주의 조화인지 실수인지, 뜻대로 되지 않는 것이 자식인 것 같다.

먹는 대로 키로 가는 아이가 있는가 하면 물조차도 살로 가는 아이가 있다. 얼마간은 타고난다. 체질이 타고나듯 성향도 타고난다. 유아들은 생각보다 많은 것들을 가지고 태어난다. 음을 제멋대로 다스리는 음치도, 박자를 마구 다스리는 박치도 타고난다. 건물 앞문으로 들어갔다가 뒷문으로 나오면 어딘지를 모르는 방향치, 길치도 타고난다. 이보다 훨씬 더 미세한 것들도 타고난다. 사람의 마음을 헤아리는 것, 정리 정돈하는 것, 규율을 습득하는 능력도 얼마간 타고난다.

어떤 일이 생기면 미리 계획하고 차근차근 기한 내에 끝내야 마음이 후련하거나, 혹은 머릿속에 뭉글뭉글 생각만 하고 있다가 막판 밤샘으로 순발력을 발휘하는 것. 습관일 것 같지만 어느 정도 타고난 패턴이다. 전자의 성향을 가진 사람은 미리 끝내지 않으면 스스로 못 견딘다. 시간이 임박하면 불안해서 아무것도 못한다고 한다. 후자의 성향을 가진 사람은 일단 뒹굴거리며 이것저것 생각을 해두어야 한다. 머릿속이 찰 때까지 그렇게 해야 한다. 그리고 막판에 자기도 모르는 순발력으로 쏟아낸다. 물론 이러한 성향들은 생김새나 체질처럼 처음부터 눈에 확연히 드러나지도 않고, 성장 과정의 영향과 뒤섞여서 솎아내기가 쉽지 않을 때도 있다.

부모교육을 할 때 가장 먼저 하는 것 중의 하나는 아이의 타고난 성향이 무엇인지를 먼저 이해하도록 하는 것이다. 부모인 나와는 어떻게 다른지를 살펴보는 것이다. 실제 상담 장면에서, 이러한 성향의 차이로 갈등의 극을 만드는 경우도 생각보다 많다. 그것이 부모의 탓만은 아니다.

우리 아이들이 갖는 성향은 매우 다양한데도 불구하고 사회나 학교가 요구하는 것에는 일정한 틀이 있다. 선생님이 가르쳐준 것을 잘 외워야 하고, 매일 내주는 숙제도 꼬박꼬박 해야 하고, 정리 정돈 잘하고, 어른 말씀에 항상 '네' 해야 한다.

창의성은 누가 키우라는 것인지, 그래서 사회가 요구하는 성향의 반대편에 있는 영역에 나는 '왼손잡이'라는 이름을 붙인다. 그 자체로 문제가 될 것은 없으나, 오른손잡이에 끼어있는 것 같은 불편을 초래하기 때문이다. 이러한 성향을 가진 아이의 부모들은 어려운 점이 많다. 자녀를 이해한다 해도 타협하기가 쉽지 않다. 그럼에도 불구하고 부모들은 이해해야 한다. 실제로 이러한 성향의 차이에서 시작된 갈등의 골이 깊어서 상담실을 찾는 청소년들이 적지 않기 때문이다.

부모 자녀관계에서 실타래가 한 번 얽히기 시작하면 그 출발점을 찾기가 어려운 경우가 많다. 일단 성향의 차이에서 시작했어도 그것이 부정적인 감정으로 차곡차곡 쌓이면 자녀의 자신감, 자존감에 많은 영향을 준다. 더욱이 그 갈등 속에 부모의 불안이나 자격지심 등이 묻어나면, 석회에 빗물 스미듯 그 골은 차츰 깊어질 수밖에 없다. 이러한 불필요한 웅덩이를 만들지 않기 위해서, 아이의 성향을 일찍이 파악해두는 것이 좋다. 나의 성향과 아이의 성향이 부딪칠 수 있는 부분이 어디인지를 파악해두면 갈등을 줄일 수 있을 것이다.

왼손잡이 같은 성향이 있는 자녀를 둔 부모의 경우, 너무 사회나 학교의 '틀'에 휘둘리지 말고, 그것을 장점과 특기로 살릴 수 있는 방법을 찾아주는 것이 필요하다. 필요한 부분에 대해서는, 왼손잡이에게 글씨 가르치듯, 더 많은 인내와 지혜가 요구될 것이다.

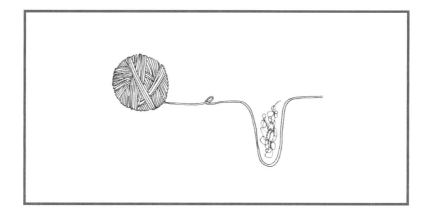

다름의 미학

'저마다 타고난 소질을 가지고 이 땅에 태어났다.' 우리 어릴 적 외웠던 국민교육 헌장에 나오는 말이다. 그렇다. 우리는 모두 다르고, 그 다양성이 사회를 구성하고 이끌어 나간다. 서로 다르지 않고, 우리 사회가 동질적인 집단이라면 무엇보다도 사회가 이렇게 발전하지 못했을 것이다.

올해 개막된 TED 컨퍼런스에서 『침묵』의 저자 수전 케인(Susan Cain)의 강의가 많은 사람들의 관심을 불러일으켰다. 외향적인 사람을 선호하는 사회에서 내향적인 성격으로 자랐기에 그런 사람들이 겪는 오해와 진실에 대해 이야기한 부분이 많은 사람들의 공감을 불러일으킨 것 같다. '세상은 외향적인 사람을 선호하지만, 정작 세상을 바꾸는 것은 내성적인 사람'이라고 그녀는 조용하고 단호하게 말했다. 어려서부터 책읽기를 좋아한 그녀는 캠프에서 책을 읽다가 '단체의식이 부족하다'는 지적을 받은 후, 작가가 되겠다는 꿈을 접고, 변호사의 길을 걸었다.

수전 케인은 외향적인 사람을 선호하는 사회적인 편견이 '모두에게 손해'라고 하였다. 내성적인 것은 사회성이 떨어지거나 수줍음을 타는 것과는 다르며, 이런 아이에게 외향적이 될 것을 강요하면 오히려 타고난 재능을 제대로 발휘하지 못한다고 하였다.

부모 자녀관계에서 아이의 성향에 따라 교육지침이나 훈육법이 달라야 한다고 말한다. 예컨대 '칭찬은 고래도 춤추게 한다'는 사람도 있고, '칭찬이 독이 될 수 있다'는 사람도 있다. 하지만, 다른 시각에서 보면 성격유형에 따라 칭찬이 필요한 아이도 있고, 칭찬이 정말 독이 되는 아이도 있다. '체벌'이 필요하다는 이론가도 있고, 그것이 필요없다는 교육자도 있지만,

이 또한 아이들의 유형에 따라 다를 수 있다. 때로 체벌로라도 아이에게 경각심을 불러일으킬 필요가 있는 유형도 있고, '꽃으로도 때리면 안 되는' 유형도 있다.

아이의 타고난 유형에 따라 부모가 어떻게 대하는 것이 적절한지를 고민하는 것이 교육이나 훈육의 효율성을 위해 매우 중요하다.

이처럼 우리는 자기만의 능력을 일단 생리적, 유전적으로 타고난다. 그리고 그러한 서로 다른 성향들이 사회를 다양하게 이끌어 나간다. 심리학자인 하워드 가드너는 '다중지능'에 대해서 말한 바 있다. 지능을 구성하는 것이 한 가지가 아니라는 사실은 이미 오래 전부터 이야기되어왔다. 하워드 가드너는 학업에 필요한 논리-수학지능, 언어-추리지능뿐 아니라 음악적 재능, 신체운동지능, 감성지능과 같은 인간친화지능, 자기성찰지능 등을 지적능력에 포함시켰다. 요즈음은 해외로 활동 반경을 넓히는 스포츠선수나 아이돌 그룹이 적지 않다. 얼마 전 과학지식 관련 부처에서도 이와 같은 재원을 키울 필요성에 대해서 언급한 적이 있다. 이제는 인문학뿐 아니라, 다중지능 차원에서 인재 개발을 고려하고 있다는 의미일 것이다.

부모로서 우리는 하나나 둘밖에 없는 자녀들이 '엄친아'가 되기를 기대한다. 모범생과 엄친아가 얼마나 중복되는 말인지 알 수 없지만, 요즈음 젊은이들은 다양한 영역에서 자기의 색깔을 드러내고 있는 것 같다. 그만큼 국력도 신장되었고, 부모들도 정형화된 틀에서 벗어나고 있다는 뜻일 것이다.

개성, 적성, 특기, 성향은 심리학적으로 이웃 사촌이다. 어려서부터 자녀의 성향을 잘 들여다보고 이들을 잘 계발해줄 때, 아이의 특기를 살릴 수 있을 것이며, 이것이 곧 개성 있는 아이로 자랄 수 있도록 도와주는 것일 것이다. 그리고 이것이 사회적으로는 '다름'의 미학이 될 것이다.

노는 것이 자산(資産)인 아이

•

사회성 지수(Social Quotient)가 뛰어난 아이들이 있다. 미국식으로는
'Street Smart'하다는 표현을 쓴다. 엄친아를 기대하는 우리 부모들에게는
어떻게 들릴지 모르겠지만, 어려서부터 학교 공부보다는 사회성이 뛰어나서
친구들과 잘 어울려 노는 아이들이 있다. 주변 상황을 잘 파악하기 때문
에, 어려서부터 유행에 민감하다. 장난감, 인형, 옷 입는 것 등 또래의 유행
을 잘 알아차린다. 그래서 갖고 싶은 것들도 많고, 싫증도 빨리 낸다. 내가
갖고 싶은 것을 왜 참아야 하는지 잘 모른다. 물론 대부분의 아이들이 그
렇기는 하지만, 이 유형의 아이들을 키우기 어려운 이유는 에너지가 밖으로
향하면서 그것을 스스로 제어하는 장치가 가장 약하기 때문이다. 이러한
특성이 고집스럽고 막무가내인 양상으로 나타나고, 그것이 분출하는 힘도
만만치 않아 부모들이 감당하기 쉽지 않은 경우가 많다.

이런 성향의 자녀를 걱정하는 부모들에게는 '학교 우등생이 사회의 우
등생이 되지는 않는다'는 말을 먼저 한다. 사람과의 관계가 곧 자산인 아
이이기 때문에, 너무 공부에 집착하지 않는 것이 좋겠다고 말해준다. 무엇
보다 기죽지 않게 하는 것이 더 중요하다고 말한다.

훈육도 쉽지 않다. 모든 아이들이 그렇기는 하지만 이 유형의 아이들은 특히 자신의 욕구에 충실하고 잘 참지 못한다. 따라서 지나치게 엄격한 도덕성이나 규율을 적용하는 것은 역효과만 갖다줄 뿐이다. 갖고 싶은 것이 있으면 그것이 곧 이유가 되고 논리가 되기 때문에, 부모가 이성적, 도덕적으로 설득하는 것이 잘 먹히지 않는다. 처벌을 면하기 위해 그 자리에서는 '네' 하고 돌아서서 자기하고 싶은 대로 해버린다. 그 뒤는 생각하지 않는다. FM 유형의 부모들에게 가장 키우기 어려운 아이일 수 있다. 따라서 어느 부모보다도 '인내와 지혜'가 필요하다.

자율권과 통제를 잘 활용하는 융통성이 필요하다. 에너지가 밖으로 향하는 아이의 경우, 스스로 제어할 기능이 없고, 규율 습득력이 약하기 때문에 통제는 꼭 필요하다. 하지만 자율권 영역, 즉 뛰어놀 수 있는 공간을 다른 아이들보다 더 넓게 주어야 한다. 그렇지 않으면 몸부림을 치기 때문이다. 특히 FM 부모들에게는 도 닦는 일이 될 수도 있다.

이 유형의 아이들에게 절대로 해서는 안 되는 말이 있다. 어떤 다른 유형보다도 자신의 욕구에 충실하기 때문에, 부모의 시각에서는 '이기적'으로 보일 수 있다. 하지만 절대로 이 말을 해서는 안 된다. 아이의 성향을 이해하는 지혜는 먼저 장점을 보는 것이다. 아이임에도 불구하고 실물경제에 영민할 수 있으므로 '토큰 경제'를 사용해서 경제관념을 일찍부터 시켜주는 것도 나쁘지 않다. 물론 지나치면 좋지 않지만.

공부와 관련해서는 꼬박꼬박 일정량을 하는 매일학습은 별 효과가 없다. 부모와 싸움의 빌미가 될 뿐이다. 집중하는 시간도 짧다. 때문에 짧은 시간 안에 같이 도와서 공부하고 끝나면 편하게 놀 수 있도록 해주는 것이 좋다.

물론 공부를 잘하는 아이들도 많이 있지만 그런 경우의 부모들도 불만스러워한다. 조금만 성실하면 더 잘할 수 있을 것 같은데, 노력하지 않는다고 아쉬워한다. 하지만 이 유형의 아이들은 필요 이상의 공부를 절대로 하지 않는다. 놀기 위해서 공부하기 때문이다. 물론 모든 아이들이 다 그렇기는 하지만.

마음이 솜털처럼 여린 아이

··

　어려서부터 기본적으로 마음이 여리고 따뜻한 아이들이 있다. 감정의 방어체계가 없고, 상대방의 감정이나 기분이 그대로 투과되는 아이들이 있다. 마치 하늘거리는 얇은 옷 입은 것 같아서, 조그만 바람에도 마음이 나부끼는 아이들이다. 마음이 두부 같아서 어떻게 만져야 할지 잘 모르는 그런 느낌이 드는 아이들이다. 싸움을 못하기 때문에 양보하고 마는 아이들이다. 스스로 감당할 수가 없기 때문이다. 그래서 정말 '꽃으로도 때려서는 안 되는' 유형의 아이들이다.

　마음이 여리면서 외향적인 아이들은 사람을 좋아하는 성향이 훨씬 더 겉으로 드러나며 흥이 많고 어려서부터 친구들이 많다. 마음이 따뜻하고 어려서부터 남들을 기쁘게 하는 데 천부적인 소질을 가지고 있다. 겉으로는 잘 웃는 것 같지만 사실은 어느 유형보다도 마음이 여리고 상처받기 쉽다는 점을 알아야 한다. 일상에서 정리를 잘 못할 수 있다. 참을성 있게 가르쳐야 할 수도 있다.

　반대로 내성적인 아이는 누군가가 꼭 옆에 있어야 한다. 자신의 몸이 엄마의 피부 어디 한군데라도 닿아있어야 한다. 유난히 엄마를 밝히고, 오랫동안 엄마를 따라다니는 유형의 아이다. 집에 놀아줄 형제나 가족이 있으면 굳이 친구를 찾지 않기도 하지만, 또래 친구들과 놀게 되어도 갈등을 피한다. 그래서 이런 유형의 아이들에게는 자기 몫을 챙길 수 있도록 가르쳐야 한다. '남에게 양보하라는 말'이 좋지 않을 수 있다. 사탕을 아이 손에 열 개 쥐어줄 때, '8개는 네가 먹고, 2개는 친구 주어라'고 가르쳐야 한다. 그래야 절반이라도 제가 먹을 수 있다. 그래야 다른 아이들과 균형이 맞는다. 무엇보다도 기가 죽지 않도록 해야 한다. 나대는 듯 보이는 것이 아이의 자존감을 위해서는 더 좋을 수 있다.

절대로 큰소리로 혼을 내면 안 된다. 마음이 하늘거리기 때문에 꽃샘추위 앞에 서있는 느낌을 경험하게 해서는 안 된다.

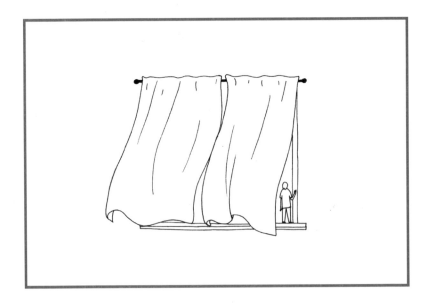

직관(直觀)이 뛰어난 아이

...

어려서부터 생각이 많고 직관이 뛰어난 아이들이 있다. 대체로 책을 많이 읽고 질문도 많이 한다. 사물을 보는 시각이 아이답지 않게 예리하고 관찰력이 뛰어난 아이들이 있다. 이러한 탁월함을 어려서부터 보여 부모를 매료시킬 때도 있지만, 일상은 어눌하기 때문에 부모 입장에서 그 불균형을 이해하기기 쉽지 않다.

이 유형의 자녀를 이해하고 양육하기 힘든 이유는 무엇보다도 이 아이만이 갖는 독특성 때문이다. 어려서부터 지적 호기심이 많고, 관심있는 영역에서는 깊이 통찰하는 능력이 있다. 조그만 아이 머릿속에 어떻게 저런 게 들어있나 싶게 아는 것도 많고 유창하다. 반면 일상생활의 어눌함은 말로다 할 수 없다. 센스 없고, 자기관리 못하고, 일상적으로 반복해야 하는 일들을 귀찮아한다. 관심도 없다. 주위에서 돌아가는 일도 가장 나중에 아는 편이다.

말하자면 '머리는 가분수, 손발은 연체동물'이다.

이런 아이들은 사고체계가 남들과 다르다. 세상을 보는 시각이 남들과 다르다. 한 가지 생각에 몰두하면 머릿속이 바빠지고, 그러면 주위를 볼 수 없다. 보이지 않는다. 자신의 생각 속에서 살기 때문이다. 그래서 어려서부터 건망증이 심하다는 말을 듣는다. 숙제든 신발주머니든 잘 잊어버리고 잘 잃어버린다. 이것이 부모들에게는 '정신없는 아이', '게으른 아이'로 비추어질 수 있다.

이러한 유형의 청소년들을 둔 부모들은 아이가 무슨 생각을 하는지 이해하기가 어렵다고 말한다. 똑똑함과 어눌함의 불균형을 어떻게 이해해야 할지 모르겠다고 한다. 이런 부모를 위해서 아이의 이미지를 그려준다. '머리만 크고, 팔다리가 없는 아이'라고. 그러니 통제하려 애쓰지 말고 '비서'가 되어주는 편이 낫다. 어차피 생각하는 방식과 틀이 다른 것을 가지고 꾸지람을 하면, 피차간에 무력감만 커지게 된다. 아이가 갖고 있는 소중한 생각들이 '쓸데없는 것'이 되어버리지 않도록 부모의 각별한 이해가 필요하다.

이 유형이 갖는 탁월한 직관력은 타의 추종을 불허한다. 이러한 직관력에 체계적인 사고능력을 가지고 있으면, 아인슈타인이나 스티브 잡스 같은 발명가가 될 수 있고, 직관력에 따뜻한 감성을 가지고 있으면 스필버그 같은 영화감독이나 박완서, 신경숙 작가처럼 사람의 심연을 울리는 예술가가 될 수 있다.

학교 공부는 극단적인 경우가 많다. 아주 잘할 수도 있고, 정반대일 수도 있다. 다행히 꼼꼼히 챙기는 성향을 같이 가지고 있으면 학교 공부를 놓치지 않을 수 있지만, 느슨한 아이들은 우리 교육 현실을 쫓아가기 어렵다. 유학을 고려한다면 1순위가 될 것이다.

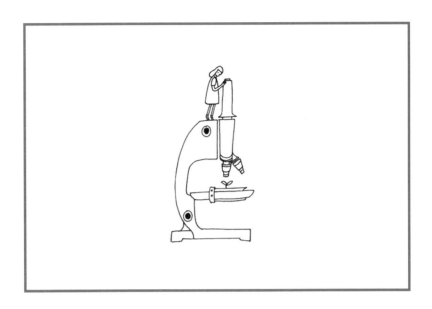

성격유형에 대한 간단한 이해

지능, 성격, 성향을 측정하는 검사는 많다. WAIS(웩슬러 지능검사), 다중지능 검사, 에니어그램, MBTI(Myers-Briggs Type Indicator) 검사 등이다. 다중지능 검사는 말 그대로 지능을 구성하는 요소들이 여러 가지가 있다는 것을 설명하는 것이고, 에니어그램은 성향과 지능을 적당히 섞어놓았다.

성격유형을 측정하는 데 가장 일반적으로 사용하고 있는 검사는 MBTI 성향검사이다. 이론이 명확해서 검사가 시사해주는 역동적 잠재력이 높고, 경험 연구가 많이 축적되어 있어서 나는 주로 이 검사를 많이 사용하는 편이다. 단점이라면 유아용 검사가 없다는 점과, 초등학생들을 위한 아동용 검사가 있기는 하지만 대부분의 아동용 검사가 그렇듯, 타당도가 높지 않다는 것이다. 그래서 자녀들의 성향을 잘 이해하기 위한 방법은, 부모가 이 검사를 잘 숙지해서 우리 아이가 어떤 성향을 갖고 있는지를 가늠해보는 것밖에는 없다. 사실 자신의 자녀를 가장 잘 아는 사람은 부모일 것이기 때문이다.

여기에서는 MBTI가 무엇인지를 간단히 소개하고, 자가검사를 해볼 수 있도록 몇가지 문항을 제시하였다. 자세한 검사를 원한다면 인터넷 검색창으로 들어가서 '한국 유형 심리검사 연구소(kpti.co.kr)'를 치면 검사에 대한 자세한 안내가 나온다. 이것을 토대로 자녀의 성향이 어떤 것인지를 짐작해보고, 자녀를 양육할 때 어떤 점에 유의해야 하는지 생각해보는 시간을 갖도록 한다.

4가지 기질 정리

	밖으로 드러나는 태도		내면에서 작용하는 기능	
에너지를 얻고 쓰는 방향	외향형 E	정보인식 방법	현실형(감각) S	
	내향형 I		이상형(직관) N	
삶을 살아가는 방식	정리형(판단) J	결정할 때	사고형 T	
	개방형(인식) P		감정형 F	

활발한 외향형 아이, 조용한 내향형 아이

외향형 Extroversion : 내향형 Introversion

•

에너지의 방향이 어느 쪽을 향하고 있는가?

자동차 운전을 한다고 가정해보자. 시동을 켜고 천천히 가속페달을 밟기 시작한다. 밟을수록 자동차의 속력을 빨라진다. 시원히 뚫린 길에서 엑셀러레이터를 밟는 기분은 상상만으로도 즐겁다. 밟을수록 자동차는 더욱 탄력을 받아 속도는 더 빨라진다. 그런데, 우리가 핸드 브레이크를 건 채로 운전을 한다고 가정해보자. 페달을 밟기는 하는데 어쩐지 가속이 붙지 않고 차에 무리가 가는 것을 느낀다. 이 두 가지 상황은 사람이 많은 곳에서 외향형과 내향형의 사람이 느끼는 차이이다.

아이들은 누구나 놀기를 좋아한다. 놀이로서 자신을 표현하고 감정을 방출할 수 있기 때문이다. 만일 놀지 않는다면 그건 외향형이든 내향형이든 문제가 있다는 뜻이다. 다만 노는 범위가 어떤가와 어떻게 노느냐의 차이이다. 놀이의 활동범위가 넓고, 많은 친구들과 어울려 노는 것을 좋아하면 일단 '외향형'이라고 보아도 좋다. 반대로 '내향형' 아이들은 범위가 넓지 않고, 한두 명의 친구들과 노는 것을 선호한다. 여건이 여의치 않을 때에는 혼자 노는 편을 택한다.

어느 것이 좋고 나쁠 수는 없다. 타고난 성향이다. 앞에서 언급했던 수전 케인이 말했듯이, 대체로 사회는 외향적인 사람을 선호하지만, 내향적인 아이도 자라서 세상을 움직이는 영향력 있는 사람이 될 수 있다고 하였다. 루스벨트나 간디도 내향형의 사람이다. 중요한 것은 자신의 성향에 맞는 일을 할 때, 더 자연스러울 수 있다는 것이다. 수전 케인은 외향적인 것을 선호하는 사회에 적응하기 위해 작가의 꿈을 접고 변호사가 되었다고 했다. 하지만 TED가 그를 초청한 것은 『침묵』이라는 책의 작가로서였다. 내향성향을 벗어나고자 택했던 변호사라는 직업보다, 자신의 성향과 잘 맞는 작가로 돌아왔을 때 더 유명해졌다.

그렇다. 내향형의 아이도 외부활동도 할 수 있고, 반장도 할 수 있다. 다만 내향형의 아이가 외부활동을 할 때는 심리적인 에너지가 더 많이 필요하다. 내향형의 아이가 외부활동을 할 때에는 에너지를 거꾸로 사용하기 때문에 마치 핸드브레이크를 걸고 운전하는 것처럼 더 많은 에너지를 사용해야 한다. 따라서 그러한 외부활동을 한 후에는 혼자서 생각하고 쉬는 시간이 절대적으로 필요하다는 점을 부모가 이해하는 것이 중요하다.

꼼꼼한 정리형 아이, 융통성 있는 개방형 아이

정리(판단)형 Judgement : 개방(인식)형 Perception

••

어떻게 행동하는가?

이것은 행동양식과 관련이 있기 때문에 일상에서 부모 자녀 간에 가장 많이 부딪칠 수 있는 영역이다. 정리형 아이들은 조직적이고, 정리가 잘되어 있고, 계획된 환경에서 지내는 것을 좋아한다. 그래서 이 아이들은 대체로 스스로 정리 정돈을 잘하고 시간도 잘 지킨다. 반면에 개방형 아이들은 주변 환경이 정리가 되어 있지 않아도 크게 개의치 않는다. 정리형은 시간개념이 중요하고, 일을 시작했으면 끝까지 마쳐야만 마음이 개운하다. 개방형은 시간에 별로 구애받지 않고, 일의 과정을 중시하기 때문에 끝까지 마쳐야 한다는 생각에 집착하지 않는다는 점에서 비교적 융통성이 있다.

물론 유형을 막론하고 아이들에게 정리 정돈하는 습관과 훈련은 필요하다. 다만 정리형의 아이들은 이를 좀 더 쉽게 습득하고 이와 관련하여 부모와 크게 갈등을 일으키지 않는 반면, 개방형의 아이들은 훈련에 더 많은 시간과 노력을 필요로 한다. 때로 부모로 하여금 참을 수 없는 경지까지 이르게 해, 갈등의 사슬에 엮이게 하는 경우가 적지 않다.

정리형과 개방형은 일단 생활양식이 많이 다르기 때문에, 가족 간에도 부딪치게 되는 경우가 많다. 생각이 많고 느긋한 남편과 눈에 보이는 것을 깔끔히 정돈해야 하는 아내는 서로 할 말이 많을 것이다. 매사에 정확하고 꼼꼼한 남편과 별로 급할 것도 없고 좋은 게 좋은 아내도 서로 억울할 일이 많을 것이다. 문제는 부모와 아이들이 서로 다른 성향을 가질 때 생기는 갈등이다. 깔끔한 엄마는 매사에 느긋하고 정리정돈을 못하는 아이를 참기가 너무 어렵다. 눈앞이 깔끔해야 행복한 엄마는 돌아서면 불행할 일이 매일, 그것도 수없이 반복되니 얼마나 힘들겠는가.

하지만 분명한 것은 이러한 생활양식에 따른 갈등이 아이의 '자존감' 발달에 영향을 미칠 수 있다는 점에서 훈육의 지혜가 필요하다. 앞에서 언급했듯이, 아이들 놀이 공간은 치외법권 지역으로 인정해주고, 거실이나 가족 공동 공간에는 장난감 등을 가지고 나오지 않는 방법을 사용한다든가, 그것도 여의치 않으면 시간을 정하는 방법이다. 유치원 다녀온 후 저녁 먹기 전까지는 거실에서 마음대로 놀 수 있게 해주고, 저녁 먹기 전에 치우도록 하는 방법도 있을 것이다.

오감을 사용하는 현실형 아이,
의미를 추구하는 이상형 아이

현실형(감각) Sense : 이상형(직관) iNtuition

• • •

어떻게 정보를 수집하는가?

현실형이냐 이상형이냐 하는 것은 어떤 수단을 통해서 정보를 얻는가
와 그것을 마음속에 어떻게 기억하는가와 관련이 있다. '현실형'(S)은 우리
의 오감, 즉 보고, 듣고, 맛보는 것들을 통해서 정보를 수집하고, 그것을
구체적이고 사실적으로 기억하는 반면, 이상형은 보이는 것 이면의 의미를
받아들이고 기억한다. 직관이나 영감을 통해서 의미를 만들어낸다.

어떻게 보면 서로 다른 차원의 세계에서 산다고 할 수 있을 정도로 이
두 유형은 생각이나 관점이 다르다. 그래서 가족 내에서 가장 말이 안 통
할 수 있는 단서를 제공한다. 가족 간의 갈등이 있을 때 골이 가장 깊은
부분이기도 하다. 사고의 틀이 전혀 다르기 때문이다. 세상을 바라보는 시
각 그 자체가 다르다.

현실형과 이상형은 대체로 그 비율이 7:3 혹은 8:2일 정도로 현실형이
압도적으로 많다. 따라서 이상형은 자연히 외인구단이 된다. 그래서 누가

뭐라고 하지 않아도 심리적인 왼손잡이가 된다. 내가 생각하는 것과 전혀 다른 방식으로 세상이 돌아가기 때문에 항상 부적절감을 느낄 수밖에 없다. 여기에 부모까지 나를 이해 못한다고 느끼면 아이는 그 사실만으로도 충분히 자존감이 낮아지는 이유가 된다.

이상형의 아이를 부모는 이해하기 힘들어한다. 특히 아이가 내성적이면 더욱 더 그렇다. 아주 어린 아이의 경우 늦되지 않나 싶을 정도로 일상이 어눌하고 반응이 느린 경우가 많다. 성장을 해도 어눌한 것은 크게 개선되지 않는다. 현실적인 판단을 할 수 있는 기능이 자기 안에 없기 때문이다. 내가 심리적인 왼손잡이라고 말하는 이유이다.

내향성에다 이상형의 아이에게 왜 반응을 늦게 하는지 물어보면, '내 생각이 맞는지 검증하는 시간이 필요하다'고 말한다. 왜 그런 검증하는 시간이 필요하느냐고 물어보면, 친구들하고 어울릴 때, 자신의 생각이나 행동이 실제로 부적절했던 적이 많았기 때문이라고 대답한다.

부모가 반응을 기다리며 답답해 죽을 때, 아이는 제 생각이 맞는지 검증하느라 마음속으로 땀을 뻘뻘 흘리고 있다.

합리적인 사고형 아이, 민감한 감정형 아이

사고형 Thinking : 감정형 Feeling

• • • •

수집한 정보를 어떻게 판단하는가?

정보를 수집했으면 판단해야 하는데, 여기에는 '사고형(Thinking)'과 '감정형(Feeling)'이 있다. 사고형은 머리로 판단하고, 감정형은 가슴으로 판단한다. 이것은 장발장의 예를 들면 좀 더 쉽다. '조카를 위해서 빵을 훔친 장발장이 처벌을 받아야 하는가'에 대한 질문을 던질 수 있다. '상황은 충분히 이해하지만, 법대로 처벌을 받아야 된다'고 대답한다면 사고형이다. '조카를 위해 빵을 훔친 장발장은 오히려 상을 받아야 한다'고 하면 감정형이다. 그렇다고 사고형이 냉혈한이고, 감정형은 착하다는 뜻이 아니다. 사고형도 충분히 감정을 고려한다. 사려가 깊다. 하지만 결론은 합리적이고 이성적이다. 감정형 역시 모든 정황을 다 판단하지만, 결국 가슴으로 판단을 내린다.

이들은 외모에서 쉽게 구분된다. 눈이 마주쳤을 때 먼저 웃을 준비가 되어있는 사람은 대체로 감정형이다. 엉거주춤 인사를 받는 쪽이 사고형이다. 인사를 해야 하나 고민하고 있는 중이다. 감정형은 먼저 인사하고, 그 다음 생각한다. 남의 부탁을 쉽게 거절하지 못하고, '아니요'라는 말을 잘 못하는 사람도 감정형일 가능성이 높다. 내가 원하는 것보다 남들이 원하는 것을 먼저 생각하는 경우도 감정형이다. 사고형은 좀 쉽게 접근하기 어려운 인상을 풍긴다. 속정은 깊은데, 겉으로 잘 드러내지 않는 편이다.

감정형의 아이들은 보통 마음이 여리다. 부모의 목소리가 조금만 커져도, 제 눈은 더 커진다. 토끼처럼 깜짝깜짝 잘 놀란다. 엄마가 아이를 쳐다보지 않으면, 아이가 엄마 눈치를 살핀다. 엄마바라기가 될 가능성이 높다. 그래서 제가 원하는 것을 뒤로하고, 엄마가 원하는 것이 뭔지 알아서 그대로 한다.

지금까지 MBTI의 네 가지 차원에 따른 설명을 간략하게 해보았다. 이들 각각을 이해하는 것은 그리 어렵지 않다. 문제는 차원들이 조합해서 나타나는 성격유형이다. 이들이 만드는 성격은 대체로 16가지로 나타나는데, 이들은 훨씬 더 역동적인 양상을 띤다.

대표적인 성격유형의 예

SJ - 현실적이고 꼼꼼한 정리형

부모들이 가장 바라는 아이의 유형이다. 성실하고 책임감 있고 사회가 원하는 바가 곧 자신이 되고자 하는 바이기 때문이다. 모범생 이미지를 갖고 있으며, 엄친아가 될 가능성이 가장 높은 유형이다. 집단에서 반장으로 선출될 가능성이 높다. 연예인들은 대개 꼼꼼한 정리형보다 개방형이 많은데, '국민'이라는 수식어가 붙는 연예인은 이에 속할 가능성이 높다.

아이의 경우 어느 정도 자라면 부모의 손이 가지 않아도 될 만큼 스스로 알아서 한다. 형제 중 손위면 동생도 알아서 잘 챙긴다. '누굴 닮아서 이렇게 잘하냐'는 소리를 듣지만, 사실은 타고나는 부분이 많다.

내향형의 경우(ISTJ, ISFJ) 조용히 자기 할 일을 성실하게 해내는 편이며, 외향형(ESTJ, ESFJ)은 학교나 집단에서 솔선수범하고 통솔력을 발휘한다. 학교 다니는 내내 반장이나 회장을 할 가능성이 가장 높다.

SP - 현실적이고 유연한 개방형

알파벳 한끝 차이인데, 실제 차이는 엄청나다. 정리형과 개방형은 행동양식을 의미하는 것으로 서로 정반대이기 때문이다. 즉 부모들의 시각에서 보면, 꼼꼼하지도 않고, 대충하는 것 같고, 계획도 없고, 할 일은 몰아서 전날 밤에 하거나 당일 아침에 해치운다.

항상 하는 말이지만, 성향은 '장점'을 먼저 보아야 한다. SP는 시간에 구애받지 않고, 순발력이 좋다. 사물을 보는 시야가 경직되어 있지 않다. 그래서 훨씬 융통성 있고, 창의적이다.

내향, 사고형의 ISTP의 아이는 혼자 장난감을 가지고 잘 논다. 잘 키우면 에디슨이나 장영실처럼 실용발명가가 될 수 있다. 눈에 보이는 사물의 현상을 생활에 유용하게 풀어내는 재주가 있기 때문이다. 컴퓨터나 IT 산업 쪽에도 적성이 맞다.

외향, 감정형의 ESFP는 인생 그 자체가 '오락'이며, '재미'이기 원한다. 사람 친화적이고, 그래서 사람과 관련된 일을 하는 것을 좋아한다. 지나친 구속을 하지 않는 것이 자녀와의 관계를 위해서 좋다. 공부도 웬만큼 접는 것이 현명하며, '사(師)'자 가진 직업군으로 키우고 싶다는 생각은, 처음부터 하지 않는 것이 좋다. 부모가 그렇게 키운다 해도, 아이는 기질을 버리지 못한다. 이런 유형의 내 아이를 꼭 유명한 사람으로 만들고 싶다면 엔터테인먼트 사업가나 연예인으로 키우는 편이 낫다.

NT / NF - 직관사고형 / 직관감정형

'생각하는 것이 왼손잡이'

이렇게 설명하는 것이 이 유형을 이해하는 데에 더 쉬울지 모르겠다. 이 아이들은 어려서부터 사고체계가 다르다. 직관적인 사고를 가진 내향형의 아이들은 어려서 눈에 잘 띄지도 않는다. 아직 언어기능이 충분하지 않으니 아이 스스로도 무슨 생각을 하는지 표현할 길이 없다. 표현할 줄 알게 되어도 주변 반응이 신통치 않으면, 이내 마음의 문을 닫고 상상 세계로 들어간다. 그래서 이런 유형의 아이들은 일정 시간이 지나면 책과 소통하려고 한다.

감정형을 포함한 직관력(NFP)을 가진 아이들은 마음이 따뜻하다. 그리고 자신의 직관을 그 사랑을 묘사하는 데 보낸다. 그래서 NF에 내향성과 개방적 성향을 가진 아이들인 INFP 유형은 하염없이 구름을 바라보고, 사랑을 그리워하다 결국 시인이나 소설가가 되는 사람들이 많다. 외향적인 아이들인 ENFP는 내향형보다 훨씬 사람 친화적이고 자신의 생각을 밖으로 표현한다. 그래서 호기심을 끝도 없는 질문으로 바꾼다. 탁월한 직관력, 아이디어 그리고 넘치는 에너지가 그 특징이다. 영화감독 스티븐 스필버그가 대표적인 예이다. 〈인디아나 존스〉, 〈쥐라기 공원〉, 〈E.T.〉 등 뛰어난 직관력으로 상상 속에 그리던 창조물을 영화라는 매체를 통해서 눈앞에 쏟아놓은 사람이다.

이러한 상상력 때문인지, 학교 공부에서는 부모님 애를 태우는 경우가 많다. '머리는 좋은데 공부는 안 하는' 대표적인 예 중의 하나이다. 대체로 말없이 반항하는 INTP 등과는 달리, 자기가 공부 안 하는 것에 대해서 유창한 언변으로 부모를 설득하려고 한다. 이런 유형을 키우는 부모는 재미도 있지만 황당해하거나 손에 잡히지 않아서 답답하고, 감당하기 버거워하기도 한다.

스필버그 유형(ENFP)의 아이

내 지인 중에도 이 유형의 가진 아이가 있다. 아들 키우면서 그 부모가 한 속앓이는 말로 다 할 수 없다. 아이는 어려서부터 만화영화에 심취해서 만화영화 제작자가 된다는 말을 입버릇처럼 하고 다녔다. 친구들이 참고서 쌓아두고 공부할 때, 세계 각국의 만화에 대한 모든 자료를 방 안 가득 수집하고 다녔다. 기말시험 보기 전에 가방을 통째로 잃어버리고, '교과서 없어서 공부 못하는' 구실을 만들어놓기도 했다. 그래도 순발력이 있어, 좋은 대학에 입학했다. 2년 마치고 군대 갔다 오더니, 복학하지 않고 유학 준비를 하겠다고 했다. 한국적인 만화영화를 만들고 싶은데 그러기 위해서는 미술 공부를 해서 월트 디즈니에서 경험을 쌓아야 하겠다는 계획이었다. 난생 처음 미술학원에 가서 10개월 동안 공부하고 포트폴리오를 만들어서 미국의 모든 유명 미술대학에서 합격통지서를 받았다. 미국에서 공부하고 한국에 돌아와서 수백 명 중에 한 명 뽑는 모 방송국 입사시험에 합격했다.

이 유형의 아이들은 자신이 하고자 하는 영역에서 탁월한 능력을 가지고 있다. 그러나 높은 지능에도 불구하고 정형화된 학교생활에는 적응하기 힘들다. 한 번에 하나씩 하는 것을 못 참아 한다. 학교 숙제는 끝까지 미루다가 전날 밤에 벼락으로 처리한다. 저학년 때는 가능하지만 교과과정이 복잡해지고 절대시간이 필요한 고등학생이 되면, 대체로 부모와 공부 전쟁을 벌이는 경우가 많다. 남이 열 번에 할 일을 한꺼번에 처리할 수 있는 능력을 가지고 있지만, 그런 것 때문에 세세한 것을 놓친다. 그래서 학교시험에서 절대로 100점을 받을 수가 없고, 학교 석차가 좋을 수가 없다.

한국 교육제도에서 가장 적응하기 어려운 유형중의 하나이다. 부모 역시 키우기 힘들다. 뭔가 능력은 많은 것 같은데 어떻게 해주어야 좋을지를 모르는 경우가 많다. 무언가 관심 있어서 학원에 보내도 금세 싫증을 내고 선생님 탓을 한다. 자기 스타일과 맞지 않아 답답하기 때문이다. 남이 갖고 있지 않는 뛰어난 능력을 가지고 있으면서, 학교와 학원이 가장 맞지 않는 유형 중 하나이다.

MBTI 4가지 선호지표의 대표적인 표현들

	Extroversion 외향성	Introversion 내향성
일 반 적 성 향	에너지가 외부로 향하기 때문에 활동적 이고, 정열적이다. 대체로 폭넓은 대인관계를 유지하며 사 교적인 경우가 많다.	에너지가 내부로 향하기 때문에 비교적 조용하다. 소수의 사람들과 깊은 대인관계를 유지하는 편이다.
성 인	자기 외부에 주의를 집중한다. 바깥에서 활동해야 신난다. 의사전달할 때 말로 하는 것이 편하다. 인간관계가 폭넓다. 사람을 처음 만났을 때 쉽게 잘 사귄다. 사람들 사이에서 쉽게 알려지는 편이다. 행동을 먼저하고 생각하는 편이다. 경험한 다음에 이해한다.	외부활동에 비교적 소극적이다. 혼자 조용히 생각하는 것이 편하다. 의사 전달할 때 글로 표현하는 것이 편하다 소수와 깊은 인간관계를 맺는다. 사람을 처음 만났을 때 조용하고 신중한 편 이다. 사람들에게 나중에 알려지는 편이다. 생각한 다음에 행동하는 편이다. 이해한 다음에 경험한다.
아 이	좀 부산하다 싶게 활동량이 많다. 어려서부터 밖에 나가자고 조르고, 친구들과 노는 것을 더 좋아한다.	대체로 조용하다. 혼자서도 잘 논다. 가족 관계가 만족스러우면 다른 친구를 찾지 않는다.

	Sensing 감각형	iNtuition 직관형
일 반 적 성　　향	눈으로 보고, 듣고, 느끼는 오감을 통해 정보를 수집한다. 실제의 경험을 중시하며, 현재에 초점을 맞춘다.	현상을 인지하는 통찰력이 뛰어나며, 추상적인 논리에 강하다. 미래지향적이고 의미를 추구한다.
성　　인	현실적이고 실제적인 것을 우선시한다. 미래보다는 현재에 초점을 둔다. 사실적 사건 묘사에 뛰어나다. 보고 듣고 느낄 수 있는 정보를 더 쉽게 받아들인다. 실제로 경험하는 것을 중요하게 여긴다. 사실적이고 구체적인 것을 선호한다. 관례를 잘 따르고 보수적인 경향이 있다.	의미를 중요시한다. 현재보다 미래 가능성을 먼저 생각한다. 나무보다 숲을 보려는 경향이 있다. 통찰 또는 육감에 의존한다. 아이디어를 풍부하게 제안하는 것을 중요하게 여긴다. 의미 있고 영감을 주는 것을 선호한다. 새로운 것을 시도하는 경향이 있다.
아　　이	대부분의 아이들이 이 영역에 속한다. 어려서부터 유행에 민감할 수 있다. 여아의 경우, 엄마의 화장품이나 옷차림에 관심을 보이기도 한다.	어려서부터 책을 유난히 좋아한다. 질문이 많고, 그 수준이 어른들의 상상을 뛰어넘는 경우가 종종 있다.

	Thinking 사고형	Feeling 감정형
일 반 적 성 향	논리적이고, 분석적이며 객관적으로 판 단한다.	우호적이고 사람들 간의 친목을 중요시 한다.
성 인	원리, 원칙에 충실하다. 감정보다 사고를 중요시한다. 진실과 사실을 중요하게 여긴다. 논리적으로 분석하는 것을 선호한다. 옳다/ 틀리다는 판단을 선호한다. 규범과 기준을 중요하게 여긴다. 속정은 깊으나 잘 내색하지 않는 편이다. 무뚝뚝하다는 평을 듣는 편이다. 사물, 상황, 현상을 분석하는 직업이 맞는다.	사람과의 관계에 많은 관심을 갖는다. 머리보다 가슴을 따르는 편이다. 의미와 영향을 중요하게 여기며 판단한다. 공감하고 받아들이는 것을 선호한다. 좋다/ 나쁘다는 판단을 선호한다. 나에게 주는 의미를 중요하게 여긴다. 잘 웃고, 눈이 마주치면 먼저 인사하는 편이다. 사람과 관련된 직업을 갖는 것이 좋다.
아 이	어려서부터 자기 생각이나 판단에 대한 고집이 있다. '싫다', '아니다'라는 표현을 잘한다.	어려서부터 마음이 여리고 민감하다. 유난히 엄마에게서 떨어지지 않으려 한다. 잘 웃고 잘 울고 잘 삐진다. 잠귀가 예민할 수 있다.

〈 MBTI 자기유형 체크리스트 〉
본 자료는 MBTI 성격유형에 대한 이해를 돕기 위해 간단하게 구성된 체크리스트입니다.
본 체크리스트는 자신의 성격유형을 추측하기 위한 자료일 뿐이므로, 자신의 정확한 성격유형을 알고
자 하시는 분은 MBTI 전문교육을 받으신 전문가에 의해 MBTI검사를 받고, 이에 대한 해석을 받으시기
바랍니다.

	Judging 판단형	Perception 인식형
일 반 적 성 향	시간관념이 철저하고 일의 시작과 끝을 중요하게 생각한다.	목적과 방향에서 변화가 가능하고, 상황에 따라 이를 융통성 있게 바꾸어 나가는 편이다.
성 인	일을 시작하면 항상 매듭을 지어야 한다고 생각한다. 단계에서 단계로 차근차근 밟아가며 일을 마 무리한다. 대체로 정리정돈을 잘하는 편이다. 정확, 꼼꼼하며 마무리를 잘한다. 체계적이고 논리적이다. 정리정돈과 계획적인 것을 선호한다. 계획한 대로 의지를 갖고 추진한다. 목표의식이 분명하다 빠르게 결정하고 마무리 지으려고 한다.	일의 성취보다는 과정을 즐기는 편이다. 시간관념에서 비교적 자유로운 편이다. 많이 늘어놓는 편이다. 융통성과 변화가능성을 발휘한다. 자율적이고 자발적이다. 상황에 따라 변화시키는 것을 선호한다. 변화에 대해 이해하고 수용한다. 목표와 방향은 상황에 따라 유동적이라고 생각한다. 최종 결정을 미루며 다양한 가능성을 찾는다.
아 이	어려서부터 꼼꼼하다. 가르쳐주면 정리정돈을 수월하게 잘 배운다. 조금 강박적일 수도 있다. 가르쳐주지 않아도 마무리를 잘한다.	좀 부산해 보일 수 있다. 행동에 두서가 없을 수 있다. 여러 번 가르쳐도 정리정 돈을 잘 못한다. 순발력이 좋다.

각 내용들에 대해 자신이 좀 더 편안하게 느끼고, 자신에게 해당된다고 생각하시는
내용들을 체크하시가 바랍니다. 더 많이 체크된 쪽이 자신의 선호 경향일 가능성이 높습니다.

에
필
로
그
·

마음이 깊으면 닿지 않는 곳이 없다

　자녀 앞에서 누구도 완벽한 부모는 없다. 하지만 우리는 가끔 완벽한 부모인 것처럼 행동하고 싶어 하고, 때로 부족한 부모로 비추어지는 것을 부끄러워한다. 우리는 미성숙한 채로 부모가 된다. 자녀를 키우는 것이 곧 부모가 되어가는 과정이고 이것이 성숙의 과정이다. 부부, 가족치료를 정신분석적으로 접근한 딕스(Dicks)는 부부가 되면서, 그리고 부모가 되면서 다시 한번 성장할 수 있는 기회를 갖는다고 하였다. 다른 사람들과는 피할 수 있는 갈등들이 가족 내에서는 절대로 피해지지 않는다. 마음 깊이 자리 잡은 감정들과 얽히고, 따라서 근본적으로 해결되지 않는 한 반복된다.

　정신역동치료에서는 '환자와의 갈등을 두려워하지 말고, 오히려 반갑게 받아들이라'고 한다. 부모 자녀도 마찬가지이다. 부모는 자녀와 함께 성숙해가며, 그 밑거름이 되는 것이 갈등이다. 갈등으로 인해 나 자신을 돌아보는 계기가 되고, 그 갈등이 해결되면서 한 단계 더 성숙할 기회를 갖는다. 다른 사람들에게 자문을 구하되 너무 얇은 귀로 듣지는 말고, 이 갈등이 어디서 오는지를 찬찬히 살펴보는 시간을 갖는 것이 좋다. 아이에 대한 내 감정이 어디에서부터 오는 것인지를 들여다보는 시간을 갖는 것이 좋다. 아이가 시작한 갈등이어도 그것에 대응하는 것은 엄마인 나이기 때문이다. 그리고 설령 아이가 시작한 일이어도, 부모가 풀어가는 수밖에 없다. 일단 갈등의 고리에 들어가면 아이는 해결할 능력이 없다.

가끔은 금기를 깨고 사랑을 주어라

세상에는 많은 금기사항이 있다. 그 대부분은 아이들이 하고 싶은 것을 못하게 하는 것들이다. 금기란 '집단의 질서를 유지하기 위해 개인의 욕구를 억제하는 것'을 말한다. 그 금기를 깨고 가끔은 아이의 소원을 들어주는 것, 때론 그것이 엄마의 사랑이다. 버릇 없어질까 두려워하지 마라. 버릇없는 아이가 되는 것은 부모의 성숙도에 달려있지, 몇 번의 금기를 깨는 것과는 전혀 무관하다.

집에서 배부른 아이는 절대로 남의 집에서 숟가락을 찾지 않는다. 집에서 배불러도 바깥 생활에서 그 배부름은 쉽게 방전된다. 나이를 불문한다. 그래서 집과 엄마는 항상 그 연료를 채워주는 곳이어야 한다.

훈육에 때로 관대하라고 할 때, 항상 돌아오는 질문이 있다. 그러면 버릇 나빠지지 않느냐고. 버릇없는 아이가 되는 것은 부모의 성숙도에 달려있지, 몇 번의 금기를 깨는 것과는 전혀 무관하다. 훈육은 꼭 필요한 것이지만, 아이의 욕구가 강하면 부모가 한 발 물러서주는 것도 지혜일 수 있다.

밖으로 나가는 순간 아이들은 많은 제약 속에서 산다. 학교에 가면 선생님은 규율을 어기지 말라고 한다. 당연히 그래야 한다. 많은 아이들을 통솔해야 하는 선생님들은 규칙을 지키는 것이 무엇보다도 중요하다. 아이들을 강하게 키워야 한다고 아빠들은 말한다. 맞는 말이다. 남의 호주머니에 있는 돈을 내 호주머니로 옮겨오기 위해 얼마나 힘든지를 몸소 겪고 사는 아빠들은 자녀들을 강하게 키워야 한다고 말할 수밖에 없다.

엄마는 다르다. 그렇게 지쳐있는 아이들에게 쉴 수 있는 공간을 만들어주어야 한다. 여기저기서 상처받고 온 아이들의 마음을 달래줄 수 있는 공간을 만들어주어야 한다. 엄마까지 선생님이 될 필요는 없다. 엄마와 아빠는 일관적이기보다 역할분담하는 게 더 나을 때가 많다. 집에 있을 때만이라도 애정을 배부르게 먹일 수 있는 사람은 엄마밖에 없다. 남몰래 부엌에 불러들여서 따뜻한 음식 한 점 먹이고 입 닦아 내보내는 엄마의 심정이 아이들에게는 더 절실할 수 있다. 그 따뜻함을 받아먹은 아이는 먹어서 배부를 것이고, 엄마의 사랑으로 더 든든할 것이다. 그런 금기를 깨고 사랑을 줄 수 있는 사람은 엄마밖에 없다.

나는 요즈음도 채팅하느라 눈길도 주지 않는 아이들 곁에 들어붙어 앉아있다. 귀찮다고 밀어내도 다슬기 바위에 달라붙듯 찰싹 붙어있다. 그렇게라도 하지 않으면, 다 큰 아이들 마음 곁에 다가갈 수가 없다. 때로 주책없이 굴기도 하고, 광대처럼 굴기도 한다. 나는 집에서 엄마로서 권위를 버린지 오래다. 물론 처음부터 그랬던 것은 아니다. 미국에서 아이들과 부대끼면서 내 나름대로 터득한 방법이다. 아이들에게 다가갈 수만 있다면 그 무엇을 버린들 아깝겠으며, 아이들에게 다가가지 못한 채 가지고있다면, 무엇을 지닌들 가치있겠는가 싶었다. 집안에서 권위는 아빠 하나로 충분하다. 엄마는 때로 아이들의 포대기가 되고, 기저귀가 되어주어야 한다고 나는 생각한다. 이 또한 내가 아이들과 부대끼면서, 그리고 정신분석을 공부하면서 깨달은 것들이다.

아이가 미울 때 — '엄마 마음속 아이의 나이를 내려라'

아이가 밉거든 엄마의 마음속에서 아이의 나이를 내려라. 미운 마음이 없어질 때까지 내려라. 일곱 살, 다섯 살, 세 살…. 그리고 거기서부터 다시 키워라.

아이 키우는 것이 가장 행복하다고 말하는 사람들은 정말 축복받은 사람인 것 같다. 자녀가 좋은 것은 사실이지만, 키우다보면 쥐어박고 싶을 때가 한두 번이 아니다. 내가 아는 지인은 세상 무서울 것이 없는 사람인데, 단 한 사람에게 백전백패하고 산다. 아들이다. 화도 내보고, 달래도 보았다. 나가라고 했다가 정말로 집을 나간 아들 배짱에, 지금은 꼼짝 못하고 산다. '부모라는 죄' 때문일 것이다. 집에 계셔주시고, 학교 다녀주시는 것만으로 감사하게 여기며 산다. 그래서 나온 것 같다, 무자식이 상팔자라는 말은.

상담하러 오는 엄마들 가운데 아이가 미워서 어쩔 줄 모르겠다는 사람이 적지 않다. 갈등의 골이 깊어지면 정말이지 원수가 따로 없다. 아이 키우느니 강아지 키우는 게 훨씬 편할 때가 많다. 예쁜 짓만 하고, 크게 제 고집 피우지도 않으니 말이다.

잠깐씩 미운 것은 큰 문제가 되지 않는다. 엄마가 피곤한데 아이가 보챌 때, 방 안을 있는 대로 어질러놓았을 때, 동생과 싸울 때, 문득문득 밉다. 그것까지는 어쩔 수 없는 일이다. 하지만 지속적이고 반복적으로 미울 때, 미워하지 말아야지 하는데 자꾸 미워질 때, 반복된 상황에서 화가 참아지지 않을 때에는 거리를 두고 생각해볼 필요가 생긴다.

시작이 무엇이든, 같은 상황에서 반복적으로 세 번 이상 화를 내게 되면, 갈등의 역동을 만들 가능성이 높다. 아이가 미워 죽겠다고 말하는 엄마들에게 나는 이렇게 물어본다. 엄마 마음속에 아이의 나이가 몇 살이냐고. 대부분의 엄마들은 실제 나이보다 몇 살 낮추어 말한다. 역설적이지만, 나는 아이의 나이를 더 내려보면 어떻겠느냐고 말한다. 아이가 미워지지 않을 때까지, 아이가 안쓰럽고 가엾어질 때까지, 엄마 마음속에 있는 아이의 나이를 내려보는 것 말고 나는 다른 방법을 알지 못한다. 그리고 그 나이부터 다시 키우는 것이다. 무엇이든 잘못된 것이 있으면 그 잘못된 지점부터 다시 시작하는 것이 옳다고 나는 생각한다. 그리고 엄마의 마음속에서 아이가 밉지않고 안쓰러워지기 시작하는 나이가 다시 키워야 하는 원점이라고 나는 생각한다.

아이가 웅덩이에 빠졌을 때, 선생님들은 말한다. 나오라고. 나오지 않으면 다른 친구들만 데리고 가버린다고. 아빠들은 말한다. 당장 나오지 못하느냐고. 안 나오면 혼난다고. 엄마는 그래서는 안 된다. 웅덩이에 들어가서 아이가 올라올 수 있도록 엉덩이를 받쳐주어야 한다. 미끄러지는 발에 손을 대어 딛고 올라서게 해주어야 한다. 어린 나이부터 다시 키우라는 말은 그런 의미이다. 그것이 엄마의 역할이라고 나는 생각한다.

큰아이가 힘든 사춘기를 보낼 때, 내가 터득한 방법이기도 하다. 당시 큰아이를 기숙사에 두고 한국에 나오려고 하던 중, 똘똘하게 적응 잘할 줄 알았던 아이가 휘청거렸다. 결국 계획을 수정하여 아이 곁에 남았다. 카우치에서 정신분석을 받다가 보았던 하나의 이미지 때문이었다. 사막 같은 곳에서 좁은 협곡을 사이에 두고 어린아이가 있었다. 건너오지 못하고 울고 있었다. 그리 큰 협곡은 아니었지만 아이가 건널 수 있는 곳은 아니었다. 내가 건너가야 했다. 사춘기를 겪고 있던 내 아이의 이미지였다. 그때부터 내 마음속에서 아이의 나이를 내렸다. 아이가 숙제를 못했다고, 오늘 본 시험을 망쳤다고 징징거려도, 늦게 일어나서 지각했다고 짜증을 부릴 때에도 아이의 나이를 내렸다. 열여섯 다 큰 아이를 열 살, 일곱 살, 다섯 살로 자꾸 내렸다. 내 마음에서 미워지지 않을 때까지 나이를 내렸다. 내 기대에 미치지 못해도, 이유 없이 짜증을 부려도, 밉지 않고 안쓰러워질 때까지 내 마음을 쓸어가며 아이의 나이를 내려갔다.

부모 자녀 간의 '살가움'이란 아마도 그런 게 아닌가 싶다. 화나기 전에 안쓰러운 것, 속상하기 전에 안타까운 것, 미우면서도 이쁜 것, 그런 게 아닌가 싶다. 큰아이 사춘기의 터널을 나는 그렇게 빠져 나왔다.

워킹 맘에게 — 양(量)보다 질(質)?

생후 3년까지는 꼭 엄마가 키워라. 그래야 평생이 편하다. 살아가는 데 필요한 감정이나 인지의 중요한 틀이 이때 거의 다 만들어지기 때문이다.

최근 결혼과 그 양상이 많이 바뀌고 있다. 여성의 삶이 특히 많이 변하는 것 같다. 서른 전에 결혼하는 사람이 드물며, 그 서른의 세 명 중 한 명은 싱글이다. 딩크족도 이제는 흔한 일이 되었다. 여하튼 여성의 정체성이 강조되고 결혼 후에도 자신의 영역을 갖고 일을 계속하는 경우가 늘어났다. 여성의 입장에서 바람직한 일이 아닐 수 없다.

하지만 그만큼 여성의 삶이 여유로워졌는지에 대해서는 잘 모르겠다. 남편이 출산을 대신하는 것도 아니고, 육아 또한 그렇게 달라진 것 같지는 않다. 오히려 세상은 자유를 준 만큼 슈퍼우먼이 되기를 요구하는 것 같다. 그래서 결혼 후에도 일을 계속하고 싶어하거나 할 수밖에 없는 여성들에게 출산이나 육아는 고심거리가 아닐 수 없다.

이러한 엄마들에게 위로하기 좋은 말이 있다. '양(量)보다 질(質)'이라고. 하루 종일 같이 있어주지 못하지만 질적으로 잘 키우면 괜찮다고. 결론부터 말하면, 그런 것은 없다. 부모 노릇에 양(量) 따로 질(質) 따로는 없다. 둘 다 필요하다. 양이 축적되어 질이 되는 것이 육아이다. 직장에서 월급주는 사람 눈치 보며 하루 종일 시달리다 온 엄마가 어떻게 좋은 양육을 꿈꿀 수 있겠는가. 엄마 노릇은 여가 생활이나 부업이 아니다. 그 자체로 하나의 '고된 직업'이다. 직장 생활과 엄마 노릇을 겸하는 것은 전문적인 '투잡(two jobs)'이다. 실제로 주변에 전업 주부로 지내면서 아이들 교육에만 전념하는 학부형들과 심리학 관련 일을 하는 동료들을 보면 전업주부 엄마들이 자녀들을 훨씬 더 잘 키운다. '자식 농사'라는 말이 그냥 있는 것이 아니다. 곡식 키우듯 그만큼 손이 많이 가는 일이기 때문이다. 씨 뿌리는 봄부터 열매 맺는 가을까지 농부의 손 멈출 날 없듯, 요즈음 아이들 키우는 데는 양적인 것이 곧 질이 될 만큼 부모의 손길이 많이 필요하다. 그래서 후배들에게 가끔 충고를 한다. 남의 일 해줄 수 있는 사람은 많지만, 내 자녀를 키울 사람은 나밖에 없다고.

세 살 버릇 여든까지 간다는 속담이 있다. '아이가 3세가 될 때까지는 엄마가 키우는 것이 가장 좋다'고 모든 육아 전문가들이 강조한다. 이 말은 아무리 강조해도 지나치지 않다. 어린 시절은 평생을 살아가는 데 필요한 감정, 인지기능과 같은 중요한 틀이 형성되는 시기이기 때문에 엄마의 존재나 역할은 절대적이다. 아이만 잘 돌보아줄 수 있다면 엄마가 아닌 다른 사람도 괜찮지 않느냐고 하고, 실제로 대부분의 일하는 여성들이 그렇게 하고 있지만, 어찌된 일인지 이시기의 어린아이들은 오리지널에 그토록 목을 메는 것 같다. 아마도 '주식'과 '군것질'의 차이라고 말하는 것이 더 나을 듯 싶다.

경험으로 볼 때, 엄마 이외에 어느 누구도 대신해 줄 수 없는 시기가 있다. '3세 이전'과 '사춘기'이다. 어린 시절을 잘 키워놓으면 사춘기도 크게 무리 없이 지나가기도 한다. 어릴 적 말 잘 듣는 것은 아무 소용이 없다. 아이가 말을 잘 듣는다거나 철이 일찍 들었다는 것을 반가워하지 말아야 한다. 아이는 아이다워야 한다. 아이의 욕구는 보류되었을 뿐이다. 대체로 사춘기까지. 사춘기에 강조되는 엄마의 필요성은 아마도 요즈음 입시 현실을 반영한 것이기도 하다. 현실적으로 부모의 정보력이 자녀들의 대학입시에 적지 않은 비중을 차지하고, 또 지나친 입시과열로 자신의 연령대에서 견딜 수 있는 범위를 넘어서는 스트레스에 시달리기 때문이다.

젊은 신부들이 '아이를 낳아야 할까요, 말아야 할까요'라고 물어보면 나는 주제없이 '낳지 말라'고 한다. 낳을 수 있는 여력이 있고, 마음이 충분해도 어렵고 힘든 것이 부모 노릇이다. 밑도 끝도 없는 희생을 요구하는 것이 부모 역할이다.

'보장'도 없고 '보답'도 없는 것이 부모 역할이다. 보장을 바란다면 보험이나 연금을 드는 것이 더 낫고, 보답을 바란다면 이웃에 자선을 베푸는 것이 더 확실하다. 위니콧은 '부모란 자녀로 하여금 부모를 마음껏 이용하게 할 수 있어야 한다'고 하였다. 그래야 아이의 자아(ego)가 공고해진다고 하였다. 부모가 무슨 쓰레기통이라도 되는 양, 아이의 모든 감정의 찌꺼기를 다 받아들여야 한단 말인가 하겠지만. 입장을 바꾸어 보면 또 다른 생각이 든다. 내가 자식의 입장에서 우리 부모를 떠올려보면, '우리 부모가 그때 이렇게 해주었더라면' 싶은 아쉬움이 많다. 답답하기도 하고, 화나기도 한다. 그러니 나 역시 부모로서 위니콧의 말대로 해주지 않을 도리가 없는 것이다. 내가 새삼 딩크족의 현명함을 부러워하는 이유이다.

임신, 출산, 그리고 모성애

'아이를 갖고 싶다'는 것이 모성애에서 비롯된다고 한다면, 그것은 의미의 절반밖에 설명하지 못한 것이다. '나도 아이처럼 되고 싶다'는 유아적 욕구를 동시에 포함하고 있다. 이러한 메커니즘을 잘 이해하지 못하면 육아 과정에 영향을 미칠 수 있게 된다.

'우리 아기가 먹고 싶대요, 뿌잉뿌잉'.

임신한 아내가 입덧을 할 때, 남편에게 할 법한 대사이다. TV 드라마로 보면 낯간지러울 법하지만, 임산부의 심리를 이보다 더 정확하게 표현하는 것은 없는 것 같다. 우리는 좋은 부모가 되고자 아이를 갖는다. 하지만 그 의식 저변에는 '나도 아이처럼 돌봄을 받고 싶다'는 소망이 담겨있다. 적어도 임신기간만큼이라도 그러고 싶어한다. 이를 유아적인 소망이라고 하며 그 소망을 태아에게 동일시하는 거라고 설명한다.

그래서 임산부는 극진한 보살핌을 받아야 산후에 올 수 있는 우울감을 예방할 수 있다고 한다. 물론 호르몬 변화 때문이라고는 하지만, 심리적으로 산후 우울증은 돌봄을 받지 못한다는 무력감이며, 동일시할 대상을 잃었다는 상실감이다. 무엇보다도 산모를 극진히 보살펴야 하는 중요한 이유는, 출산 후 취약해진 심신 때문에, 산모의 어린 시절을 '재경험' 할 가능성이 높다는 것이다. 젖먹이를 돌보아야 할 엄마가 자신의 우울한 어린 시절을 반추하고 있으면, 아이가 눈에 들어올 자리가 없다. 내가 돌봄을 받지 못한다는 사실 때문에 아이를 귀찮아할 수 있다. 내가 돌봄을 받지 못했다는 어린 시절의 무의식적 감정이 올라와서 우울 속에 갇히게 될 수 있다.

이처럼 '아이가 되고 싶다'는 소망은 엄마가 되고자 하는 여성들의 그림자이다. 그래서 아이를 갖고 싶다는 소망과 아이가 되고 싶다는 소망은 동전의 양면이 된다. 이러한 소망이 있다는 사실을 자각하지 못할 때, 육아에 영향을 미칠 수 있다.

모성애는 여기에서부터 출발한다. 엄마로서 개인이 갖고 있는 모성애는 각기 다르다. 모성애란 내가 얼마나 사랑받고 자란 존재인가, 내 마음속에 얼마나 상실감이 많은 사람인가를 이해하는 데서부터 출발한다. 아이가 귀찮은 존재로 여겨지는 것, 아이를 잘 키우지 못한 것 같다는 불안감이 지나치게 많은 것, 아이의 행동이 유달리 미워 보이는 것은 엄마의 마음에서 출발하는 것일 수 있다.

'출산만 하면 없던 모성애가 생기게 되는가?'

과연 모성애라는 것이 모든 여성이 출산만 하면 나오는 모유처럼 콸콸 솟아나오는 것인가. 아마도 '어느 정도'라는 수식어가 붙으면 수긍할 만할지 모르겠다. 우리가 흔히 말하는 출산 후의 모성애란 '생리적으로 민감한 상태'를 의미하며, 이것은 출산후 3주부터 사라지기 시작해서 3개월, 길어야 6개월이면 끝난다. 의사들이 말하는 산모가 출산으로부터 회복되는 시기와 맞물리며, 그래서 산후 우울증 진단의 분기점이 된다.

모성애의 또 다른 면은, 적성이나 특기처럼 타고나는 부분이 있다는 것이다. 아이를 낳는다고 모두 갖게 되는 것은 아니다. 모성애를 '사람 좋아하고 말 못하는 어린아이의 심성을 잘 파악해서, 그 어린 것이 힘들어지지 않도록 잘 돌보는 능력'이라고 정의한다면 타고나는 것이 확실하다. 주변 사람들을 보면 알겠지만, 길가에 지나가는 아이만 보아도 예뻐 죽는 젊은 여성이 있는가하면, 제가 낳은 아이도 버거워하고 아이 때문에 내 인생 경력이 망가진다고 속상해하는 여성도 있다.

엄마로서 내가 어떠한 성향을 가진 사람인지를 올바로 이해하면, 불안이나 죄책감이 줄어들 수 있다. 부모라면 누구든 자녀를 훌륭하게 키우고 싶고, 행복하게 자라게 하고 싶다. 하지만 적성에 없는 모성애를 가지고 양육에 과욕을 부리면, 여러 가지 무리수가 따른다. 지나치게 교육 중심적이 되거나, 엄하고 혹독하고 목표 지향적으로 아이를 키울 수도 있다. 나쁘다는 것이 아니라, 한쪽에 치우쳐버려 아이들 성장에 절름발이가 될 수 있다는 의미이다.

사랑으로 잘 양육하는 엄마가 있는가 하면, 교육을 잘 시키는 엄마가 있다. 물론 둘 다를 잘하면 금상첨화이지만, 두 성향이 서로 길항작용 하는 부분이 있기 때문에 병행이 쉽지 않다. 자신이 어떠한 성향의 부모인지를 먼저 잘 이해하면, 부족한 부분을 노력하고 싶어질 것이다.

모성애가 없다고 생각되는 엄마는 노력하고 배워야 한다. 아이 마음 읽는 법을 하나하나 배워가야 한다. 내가 어떤 말을 했을 때 아이가 어떻게 느끼는지, 아이가 어떤 행동이 무엇을 의미하는지 천천히 배워나가야 한다.

허점투성이인 우리가 어느 날 부모가 되고, 완벽한 부모가 되기 위해 애를 쓴다. 그렇지 못할 때 죄책감을 느끼기도 하고, 틀린 시험지를 보여주기 싫어하듯, 아이들의 문제를 감추고 싶어하기도 한다. 여러 번 강조했듯, 자녀교육이란, '부모와 아이가 함께 성장하는 과정'이라고 말하고 싶다. 아이들과의 갈등 속에서, 자신의 모습을 발견하고, 이것을 수정해나가는 것, 그래서 아이와 함께 성숙해가는 과정, 이것이 부모 됨이라는 점을 다시 한번 강조하고 싶다.

자녀를 완벽하게 키우고 싶다는 소망은 그 자체로 환상이다. 완벽하지 않은 부모가 완벽한 자녀를 기대하는 것은 욕심이다. 자식에게 상처주지 않고 키우고 싶다는 것도 어불성설이다. 인간에게는 희로애락이라는 다양한 감정이 있는데, 좋은 것만 보여주며 키울 수는 없다. 감정의 어느 한쪽이 불구가 될 수도 있다. 공격성은 인간 누구나 가지고 있는 감정이다. 그래서 외면할 수 없는 감정이다. 잘 다루면 훌륭한 삶의 에너지가 될 수 있지만, 잘못 다루면 곪거나 언제 터질지 모르는 마그마가 될 수 있다.

흔히 '자식 이기는 부모 없다'고 하기도 하고, 그래서 자녀양육을 '도닦는 일'에 비유하기도 한다. 부모가 자녀를 키운다고 생각하지만, '아이를 통해서 부모가 되어가는 과정'이라고 말하는 것이 더 정확하지 않나 싶다. 아이를 거울 삼아 자신을 배워가는 과정이 부모 되는 과정이 아닌가 싶다. 다른 사람과 생기는 갈등은 그저 한번 참거나, 인연을 끊으면 그만이다. 자녀와의 관계는 그럴 수 없다. 해결하지 않는 한 지속적으로 부딪치고, 갈등의 골이 차츰 깊어진다. 가장 가깝고 사랑해야 하는 관계가 가장 골치 아픈 원수가 되지 않기 위해서는, 부모가 달라지는 수밖에 없다. 항상 하는 말이지만 자녀는 갈등을 표현할 수 있을 뿐, 해결할 능력이 없기 때문이다.

갈등의 근원을 찾아서 해결할 수 있는 사람은 부모, 그중에서도 엄마밖에 없다.

색인